快凝早强无机聚合物混凝土
研究及应用

曹定国　翁履谦　吴永根　李建举　著

科学出版社

北　京

内 容 简 介

本书主要介绍了无机聚合物材料的国内外理论研究与应用现状,涉及胶凝材料合成机理,胶凝材料性能,满足施工性、力学性能、耐久性能等指标的无机聚合物混凝土配制方法。本书还详细介绍了无机聚合物混凝土抢修、抢建工程的施工工艺与验收标准,并附有典型工程实例。

本书对相关领域研究人员、从事设计和施工的工程技术人员,以及大专院校师生都具有重要的参考价值。

图书在版编目(CIP)数据

快凝早强无机聚合物混凝土研究及应用/曹定国等著. —北京:科学出版社,2015.3

ISBN 978-7-03-039332-6

Ⅰ.①快… Ⅱ.①曹… Ⅲ.①聚合物混凝土 Ⅳ.①TU528.41

中国版本图书馆 CIP 数据核字(2014)第 303043 号

责任编辑:周 炜 / 责任校对:郭瑞芝
责任印制:张 倩 / 封面设计:陈 敬

科学出版社 出版
北京东黄城根北街 16 号
邮政编码:100717
http://www.sciencep.com

北京凌奇印刷有限责任公司 印刷
科学出版社发行 各地新华书店经销
*
2015 年 3 月第 一 版 开本:720×1000 1/16
2015 年 3 月第一次印刷 印张:9 1/2
字数:176 000
POD定价: 68.00元
(如有印装质量问题,我社负责调换)

前　　言

　　科技创新已成为当今社会生产力解放及发展的重要基础与标志,它决定着一个国家、一个民族的发展历程。只有高度重视科技创新,才能在世界高科技领域占有一席之地,才能在国际竞争中立于不败之地。

　　为贯彻国家科技强国的战略,大力推进自主创新和科技进步,走绿色环保、可持续发展道路,实现企业成为科技创新主体,中国航空港建设第九工程总队联合高校、科研院所组成课题组,围绕国防工程建设急需,瞄准世界先进水平,历时七年,通过300余次试验、5000多组试验数据分析和15个不同类型机场的实际应用研究,解决了无机聚合物胶凝材料合成理论、快凝早强机理和凝结时间调控等科学问题,成功研制了4小时即可保障飞机应急起降和7天即可交付使用的机场抢修抢建无机聚合物混凝土新型材料,形成了由快凝早强胶凝材料、高性能混凝土、一体化施工装备、抢修抢建标准等组成的系列技术成果。

　　所获得的成果在快凝早强材料理论研究、胶凝材料制备、高性能混凝土配制、抢修设备研制和抢修抢建施工工艺等方面,推动了我国快凝早强材料研究领域和国家重大工程抢修抢建行业的科技进步。所获得的技术成果不仅适用于机场道面的快速抢修抢建,而且还可广泛应用于国家交通、能源、水利、通信设施在战时遭敌攻击,以及受地震等自然灾害破坏和恐怖袭击后的应急抢建抢修,对保障国家重点工程安全和促进节能减排具有重大意义。

　　本书主要由曹定国、翁履谦、吴永根、李建举撰写。第1章、5.1~5.3节、6.1~6.3由曹定国撰写,第2章、7.5节、7.6节由翁履谦撰写,第3章由曹海琳撰写,第4章由吴永根撰写,5.4~5.6节、6.4~6.6节由李建举撰写,5.7节、7.1节、7.2节由张鲁渝撰写,6.7节、6.8节由张建霖撰写,7.3节、7.4节由彭自强撰写,全书由蔡良才统稿。

　　在本书撰写和校正过程中,清华大学安全与防护发展研究中心陈同柱研究员、冯波宇工程师,武汉理工大学卢哲安教授、范小春博士、陈伟博士,中国航空港建设第九工程总队郝伟博士、李晓燕硕士,深圳航天科技创新研究院张华教授、李国学硕士,空军工程大学王硕太副教授、付亚伟博士、李文哲博士等提供了帮助并给予了支持,在此向他们表示衷心感谢。

　　限于作者水平,书中难免存在疏漏和不妥之处,敬请读者批评指正。

目　　录

第1章 绪 论

1.1 无机聚合物胶凝材料定义与特性

1.1.1 无机聚合物胶凝材料定义

以高炉矿粉、粉煤灰或煅烧黏土等为基础材料,通过碱性激发剂的作用而合成的无机胶凝材料称为碱激发胶凝材料,亦称为无机聚合物胶凝材料[1]。根据原材料中钙含量的不同,无机聚合物胶凝材料微观结构可分为两大类:当原料中不含钙,或含钙量较少时,称为地质聚合物(geopolymer)胶凝材料[2],其微观结构以三维网状的类沸石结构为主;而当原料中含钙量较高时,称为地质水泥(geocement)胶凝材料[3],其微观结构以低钙的 C-S-H 微纤维结构为主。快凝早强无机聚合物胶凝材料为类沸石结构。

1.1.2 无机聚合物胶凝材料特性

无机聚合物胶凝材料固化反应与硅酸盐水泥的水化反应不同,其微观结构也有一定的差异。无机聚合物胶凝材料体系具有一系列独特的性能。近年的研究结果表明,无机聚合物胶凝材料具有固化速率快、早期强度高、耐腐蚀、耐高温等特性,如图 1.1 所示。更引人关注的是该材料体系还具有合成能耗低的特性,符合国家发展节能减排技术、倡导使用绿色建筑材料的要求。

图 1.1 无机聚合物胶凝材料的优异性能

1.2　国外研究与应用现状

无机聚合物胶凝材料的合成与制备起源于苏联科学家 Glukhovsky[4] 20 世纪 50 年代的开创性研究,20 世纪七八十年代,法国科学家 Davidovits[5] 对这类材料的结构、制备工艺和材料性能(如力学性能、热性能、抗化学腐蚀性能等)进行了系统研究,对这类材料的推广做出了重要贡献。随着无机聚合物胶凝材料性能及用途逐渐被人们所了解,这类材料的研究受到越来越多研究者的重视,以此为专题的国际会议已经举行了多届。其中澳大利亚墨尔本大学 Deventer 研究组[6] 对无机聚合物胶凝材料的合成机理及作为有害元素固化处理进行了深入研究;西班牙的 Palomo 研究组[7] 对以粉煤灰为主要原料合成的无机聚合物胶凝材料进行了系统研究,表明以粉煤灰为主要原料合成的无机聚合物胶凝材料成本与水泥相当,而性能在很多方面优于水泥。

目前,用于快速修建道路的材料以水泥混凝土为主。由于道路的快速修复和建设在经济发展中的作用越来越重要,美国联邦高速公路管理局特别提出了"早通行"(early opening to traffic,EOT)混凝土的概念,要求 EOT 混凝土在抢修后 6~24h 可以开放通行。典型的开放标准是抗折强度达到 2.1MPa,抗压强度为 13.8MPa,但美国各州标准并不相同。在日本也有类似的抢修要求和指标。然而,近年来快速修复用水泥混凝土的耐久性问题受到了美国联邦高速公路管理局的高度重视并进行了全面评估。因为所用水泥混凝土耐久性差必将导致在短期内需再次封闭道路进行修复,造成经济和通行时间上的严重浪费。根据美国联邦高速公路管理局的试验研究报告[8],6~8h 开放和 20~24h 开放的两类 EOT 混凝土的耐久性有明显区别。在表面开裂和碱集料反应方面,6~8h 开放 EOT 混凝土明显比20~24h开放 EOT 混凝土严重;在抗冻融方面,由于 EOT 混凝土引气不足,会导致抗冻融性存在问题。评估专家在报告中指出,由于 6~8h 开放的 EOT 混凝土存在耐久性隐患,并且造价很高,因而建议仅在非常需要时才可使用。

相比较而言,使用无机聚合物胶凝材料作为快速修复材料具有显著优势。无机聚合物胶凝材料放热小,耐久性和抗冻融性好,抗腐蚀性能优异。在常温条件下,无机聚合物胶凝材料的固化速率远高于普通水泥(图 1.2)[5];提高固化温度后,无机聚合物胶凝材料在 1~2h 抗压强度达到 30~50MPa(图 1.3)。

无机聚合物胶凝材料已用于美国洛杉矶机场和法国一些机场道面的修补,结果证明,1h 后人可以在上面行走,2h 后汽车可以行驶,6h 后飞机可以起降,如图 1.4 所示。在 1991 年的海湾战争中,美国正是使用这种材料在沙特快速修建了军用机场。美国军方的报告称,无机聚合物胶凝材料是迄今为止发现的最好的快凝材料。同时,早强无机聚合物胶凝材料具有优异的耐久性,美军采用这种材

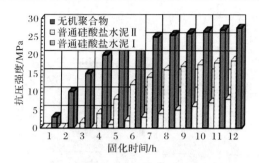

图 1.2 常温条件下无机聚合物与水泥固化速率比较

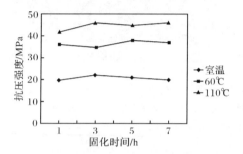

图 1.3 固化速率与温度的关系

图 1.4 美国洛杉矶机场采用无机聚合物胶凝材料快速修补的效果示意图

料建设的机场跑道,20 年后仍能正常起降 B52 重型轰炸机。

国外研究与应用实例表明[9],无机聚合物混凝土作为一种高强和耐久性建筑材料,完全满足建设长寿命基础设施的需要。苏联于 1984 年进行了数千米无机聚合物混凝土重载路的铺设。在使用 15 年后,科学家对道路状况进行了调研,结果显示,虽然苏联地处寒冷地区,但道面无可观察到的开裂和冻融损坏,钢筋无锈蚀或其他缺陷,而混凝土抗压强度已随时间增加至 86MPa。对于无机聚合物混凝土和普通水泥混凝土建设道路的耐久性能对比,苏联研究人员进行了为期 15 年的研究。结果表明,相比硅酸盐水泥混凝土,无机聚合物混凝土显示出优异的耐久性,图 1.5 为无机聚合物和硅酸盐水泥建造的路面比较效果(1984 年建于苏联 Ternopol 市)。

无机聚合物　　　　　　　　　　　　　　　水泥

图 1.5　无机聚合物和硅酸盐水泥建造的路面比较

　　无机聚合物具有优异的抗渗性,因为与普通硅酸盐水泥相比,无机聚合物胶凝材料的最终结构更加均匀和致密(图 1.6)。特别是无机聚合物胶凝材料的致密度和抗渗性随着使用时间延长而成倍增加(图 1.7),这是普通水泥混凝土所无法比拟的。

(a) 硅酸盐水泥材料显微结构

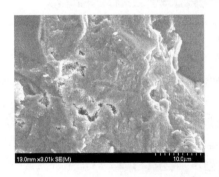

(b) 无机聚合物胶凝材料显微结构

图 1.6　无机聚合物胶凝材料与硅酸盐水泥材料结构比较

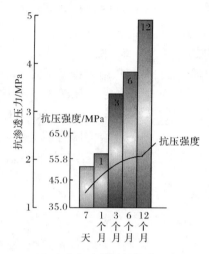

图 1.7 无机聚合物胶凝材料抗渗性与龄期关系

由于无机聚合物胶凝材料含水少,致密度高,苏联建于 1966 年的地下水管道和建于 1962~1964 年的水渠,至今性能优良,仍在使用。

然而,以往国外对于无机聚合物胶凝材料的合成机理研究多集中在试验方面,对试验结果的讨论偏重于运用熟知的化学原理进行定性的解释,缺乏精确而丰富的化学内涵与化学洞见;对于无机聚合物胶凝材料的快凝早强机理也缺乏系统研究和理论解释。另外,在抢修抢建无机聚合物混凝土的应用方面,除 Pyrament 复合水泥外,目前未见其他类似产品的成规模的工程应用。美国肯塔基州大学和弗吉尼亚州交通局[9,10]对 Pyrament 复合水泥的工程应用情况进行了验证试验。结果表明,在环境温度为 25℃ 时,4h 抗压强度为 22MPa,27h 抗压强度为 36MPa。由于过快凝结,表面凹凸不平,质量不高,并观察到几处较大开裂和较多表面微裂纹,随着时间的延长,半年后观察裂纹明显扩展;同时在环境温度较低时,Pyrament 复合水泥的早期强度发展明显变慢。Pyrament 复合水泥中含有 65% 的 Portland 水泥,显然不利于长期储存。弗吉尼亚州交通局的验证试验报告[10]中也提出大量的 Portland 水泥存在,有发生碱集料反应的风险。因此,对于快凝早强无机聚合物胶凝材料及混凝土无论在科学试验上还是在应用层面上均需进一步研究与改进。

1.3 国内研究与应用现状

我国的杨南如[11]、蒲心诚[12]等较早开展了无机聚合物胶凝材料及混凝土研究。近年来,南京工业大学、东南大学、重庆大学、北京科技大学、中国矿业大学、清华大学、武汉理工大学等单位先后开展了相关材料性能和技术的研究,苏州混凝土水泥制品研究院等单位在应用技术方面进行了尝试。其中重庆大学研究团队在该领域的研究时间较长,较为系统,成果汇集在蒲心诚等的专著《碱矿渣水泥与混凝土》中。综观国内研究,目前仍以配方探索、性能检测和定性的结果解释为主,缺乏深入的理论研究和实际应用成果,与国际先进水平有较大的差距。

针对国内研究的不足,中国航空港第九工程总队进行了大量的无机聚合物混凝土工程应用研究,深圳航天科技创新研究院对无机聚合物合成化学、快凝早强机理及胶凝材料设计进行了深入研究,空军工程大学对无机聚合物混凝土配合比及性能进行了系统研究。通过三方合作,取得了一系列重大突破,获得了丰硕的研究成果,具体体现在以下几个方面:

(1) 在理论研究与合成机理方面。从原子、离子团、超离子团和三维网状结构多尺度、多层次的对无机聚合物材料溶出、水解、缩聚和固化等过程进行了全面分析和计算,首次完整地阐明了无机聚合物合成化学的核心内涵。揭示了氢氧化铝、一氧基氢氧化硅和二氧基氢氧化硅三种离子团是有效水解反应的主要产物,铝硅组元、硅硅组元之间的反应为主要的有效缩聚反应;首次确立了铝组元是影响无机聚合物胶凝体系快凝早强的关键因素;形成了以控制原料溶出条件、调整铝硅物质的量比、优化纳介观结构为特征的材料设计方法,为快凝早强无机聚合物材料研制奠定了理论基础。

(2) 在胶凝材料设计与制备方面。通过胶凝材料基材特性分析,配方优化设计,建立了快凝早强无机聚合物胶凝材料的基材特征指标体系,发明了碱性激活组分、含硅强化组分、纳米致密组分、结晶抗收缩组分复合配制的系列激发剂,成功研制了快凝早强系列胶凝材料,建立了快硬无机聚合物胶凝材料标准,建成了年产 50 万 t 无机聚合物胶凝材料生产线。

(3) 在混凝土性能设计和研制方面。通过无机聚合物混凝土配合比试验和微观结构分析,发现了其界面过渡区、胶凝产物密实的结构特征,揭示了形成无机聚合物混凝土高强度、高耐久性的结构机理;掌握了胶凝材料用量、水胶比、砂率和温度对无机聚合物混凝土性能的影响规律,提出了无机聚合物混凝土低温早强、高温缓凝、干燥防裂等技术手段,解决了干燥低温条件下混凝土表面干缩裂缝的问题;建立了快凝早强无机聚合物混凝土设计方法,配制出性能优异的无机聚合物混凝土。

(4) 在机场道面抢修抢建混凝土施工技术方面。系统研究了无机聚合物混凝土施工工艺和质量评价体系,研编了军用机场无机聚合物混凝土道面抢修抢建施工及验收国家军用标准,优化了机场道面抢建施工装备,研制了配料、拌和、运输、浇筑一体化抢修施工装备,实现了军用机场战时大面积抢修抢建。

1.4 发 展 趋 势

综上所述,无机聚合物胶凝材料特色鲜明,是现有胶凝材料体系有益的补充,尤其适用于某些有特殊要求的工程领域,具有较好的发展前景。

目前,我国已成为建材工业第一大生产国和消费国。2013年水泥产量24.1亿t,占世界1/3左右。但我国建材工业技术落后,资源和能源消耗高,环境污染严重。建材工业消耗能源约占全国工业的1/7,仅水泥工业就排放CO_2约24.1亿t,传统建材向环境协调型建材转变已迫在眉睫。

无机聚合物混凝土是一种绿色高性能材料,其利用高炉矿渣和粉煤灰制备,实现了固体废弃物资源化,且生产过程无高温烧结,无温室气体排放,与水泥两磨一烧制备工艺相比,节约能源75%左右,减少各类大气污染物排放95%以上,研究推广该材料也是国家可持续发展战略的需要。

第2章 无机聚合物胶凝材料合成机理

2.1 组成及原材料

无机聚合物胶凝材料的主要原料为矿粉、粉煤灰和偏高岭土等。实践表明,原料性能对无机聚合物胶凝材料及混凝土性能有重要影响。

2.1.1 矿粉的基本性能

1. 矿粉的玻璃体结构

粒化高炉矿粉是炼铁时产生的废渣,经水淬急冷后研磨而成。矿粉是一个复杂多元体系,具有特殊的铝硅酸盐结构,不同的钢铁厂或同一厂家不同时期,所排出的矿粉其组成、结构都有很大的波动,对形成的无机聚合物胶凝材料性能有重要影响。

矿粉的水化活性与矿粉中玻璃体的含量和矿粉内部玻璃体的微观结构有关。杨南如[11]采用三甲基硅烷气相色谱方法测定出矿粉中存在 8 种$[SiO_4]^{4-}$四面体聚合态结构,对矿粉玻璃体的组成和结构有了深入的认识,矿粉的水化是 8 种$[SiO_4]^{4-}$四面体之间的解聚和缩聚过程。

袁润章等[13~15]将矿粉的结构分成三个层次:第一层次是将矿粉视为一个整体,表征其结构特征的参数为玻璃相与结晶相含量的比值(即玻晶比),玻璃相含量越高,矿粉的活性越高;第二层次是将矿粉中的玻璃相作为考察对象,与这一层次有关的结构参数用平均离子键程度来表征;矿粉结构的第三层次是把矿粉玻璃相中的网络形成体作为对象来考察,网络形成体的聚合度可以用平均桥氧数来表示:

$$Y = 2Z - 2R \tag{2.1}$$

式中,Y 为硅氧多面体的平均桥氧数;Z 为包围一个网络形成体正离子的氧离子数目;R 为玻璃相中全部氧离子与全部网络形成离子之比。

一般来说,R 越大,玻璃相网络形成体的聚合度越高,其化学稳定性越好,矿粉的活性越低。袁润章对玻璃相结构三个层次的划分,剖析了矿粉的结构层,并分析了各结构层在矿粉中的作用。总之,矿粉的水化活性主要与矿粉玻璃体结构中$[SiO_4]^{4-}$四面体的聚合度有关,一般认为无序程度越大,活性越高。

2. 矿粉的化学组成

由于$[SiO_4]^{4-}$四面体的测定广泛应用比较困难,通常用矿粉的化学成分来评价,虽然还不够全面,没有涉及矿粉的结构,但这种方法能够说明矿粉的特性。国家标准《用于水泥中的粒化高炉矿渣》(GB/T 203—2008)对粒化高炉矿粉的质量系数 M_K 规定如下。

(1) 质量系数。

$$M_K = \frac{m(CaO) + m(MgO) + m(Al_2O_3)}{m(SiO_2) + m(MnO) + m(TiO_2)} \tag{2.2}$$

式中,$m(CaO)$、$m(MgO)$、$m(Al_2O_3)$、$m(SiO_2)$、$m(MnO)$、$m(TiO_2)$为矿粉中所含相应氧化物的质量分数。

质量系数 M_K 反映了矿粉中活性组分与非活性组分之间的比例,质量系数越大,矿粉的活性越高,M_K 不应小于 1.2。后来又增加碱度系数 M_0 和活性系数 M_a。

(2) 碱度系数。

$$M_0 = \frac{m(CaO) + m(MgO)}{m(SiO_2) + m(Al_2O_3)} \tag{2.3}$$

当 $M_0 > 1$ 时,矿粉为碱性矿粉;当 $M_0 = 1$ 时,矿粉为中性矿粉;当 $M_0 < 1$ 时,矿粉为酸性矿粉。

(3) 活性系数。

$$M_a = \frac{m(Al_2O_3)}{m(SiO_2)} \tag{2.4}$$

部分钢铁厂矿粉微粉化学成分分析结果见表 2.1。由表 2.1 可见,高炉矿粉微粉的主要成分为硅、铝、钙的氧化物,其中氧化钙、二氧化硅含量最多,其次为氧化铝、氧化镁,此外还含有铁、锰、锌等氧化物。不同厂家的矿粉微粉主要氧化物含量有一定差异,其中唐山钢铁公司(唐钢)矿粉中 Al_2O_3、CaO 含量较少,杂质元素含量多,武汉钢铁公司(武钢)矿粉中 CaO 的含量相对较高。

表 2.1　矿粉的化学成分分析及活性指标

| 矿粉来源 | 化学成分含量/% | | | | | | | | | | M_K | M_0 | M_a |
	CaO	SiO₂	Al₂O₃	MgO	TiO₂	Fe₂O₃	K₂O	Na₂O	MnO	SO₃			
宝钢	27.72	56.63	10.69	7.49	0.32	0.93	0.90	0.25	1.89	2.08	0.78	0.52	0.19
唐钢	19.49	53.72	7.76	8.91	1.30	2.74	0.96	0.70	1.35	2.57	0.64	0.46	0.14
重钢	38.49	32.42	12.58	7.87	0.62	1.17	0.41	0.43	0.20	0.59	1.77	1.03	0.39
武钢	34.91	34.09	11.83	7.40	0.58	1.66	0.29	0.65	0.78	1.64	1.53	0.92	0.35
韶钢	40.18	36.17	12.02	8.01	0.80	0.50	0.57	0.32	0.37	0.54	1.61	1.00	0.33

从表中可以看出,韶关钢铁公司(韶钢)矿粉为中性矿粉,重庆钢铁公司(重钢)矿粉为碱性矿粉,其余三种为酸性矿粉,宝山钢铁公司(宝钢)和唐钢矿粉酸性较强,M_K 均小于 1;而重钢、武钢和韶钢 M_K 均大于 1.2。

3. 矿粉的粒度

不同钢铁厂矿粉微粉的比表面积测试结果见表 2.2。由表 2.2 可见,各地矿粉微粉的粒径 D_{50} 大致分布为 10~20 μm,其中重钢矿粉微粉粒径最小,唐钢矿粉微粉粒径最大。各厂家矿粉微粉比表面积均大于 400 m²/kg,其中重钢高达 700 m²/kg。分析矿粉微粉粒径与比表面积的关系可以看出,唐钢矿粉微粉与其他矿粉不同,虽然 D_{50} 较大(为 17.8 μm),但是其比表面积高达 623.8 m²/kg,这说明唐钢的矿粉微粉颗粒上可能存在一定量的开孔结构,使得粉体比表面积增大。

表 2.2　各地矿粉粒径与比表面积

矿粉来源	D_{50}/μm	比表面积/(m²/kg)
宝钢	14.039	476.9
唐钢	17.881	623.8
重钢	9.724	704.7
武钢	10.154	567.3
韶钢	15.453	458.7

对于这些矿粉的扫描电子显微镜(scanning electron microscope, SEM)观察结果表明(图 2.1),矿粉形貌呈不规则状,粒径分布较广(由几微米到十几微米),且重钢矿粉颗粒明显较小,唐钢矿粉大粒径颗粒含量明显较多,这与比表面积分析结果相一致。

　　　　　(a) 宝钢　　　　　　　　　　　　　　　(b) 重钢

（c）武钢　　　　　　　　　　　　　　　　　　（d）唐钢

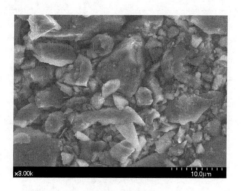

（e）韶钢

图 2.1　各地矿粉 SEM 照片

4. 矿粉的微观结构

　　不同钢铁厂矿粉微粉 X 射线衍射（X-ray diffraction, XRD）分析结果如图 2.2 所示。由图可见，不同厂家的矿粉微粉的相结构不尽相同。宝钢、韶钢、八一钢铁公司（八钢）、唐钢的矿粉微粉主要为玻璃相，宝钢矿粉中有少量水钙沸石结晶相，韶钢矿粉中有少量钙黄长石，这两类化合物十分稳定，一般不会参与反应，八钢矿粉中几乎全为玻璃相。表明这些矿粉中主要氧化物大多处于无定形态，有利于矿粉有效成分的溶出。而武钢的矿粉微粉含有明显的镁黄长石、水钙沸石及石膏等结晶相，其玻璃相含量较低，与其他厂家矿粉微粉相比，该矿粉微粉反应活性相对较低，另外由于该矿粉化学成分中钙含量较高，对胶凝材料的强度发挥有影响。

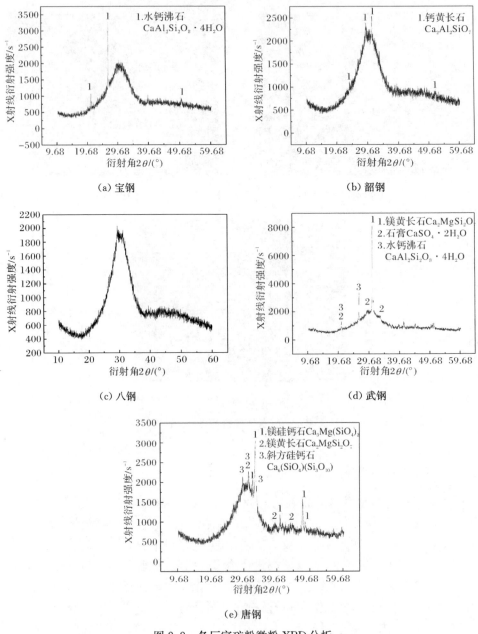

图 2.2　各厂家矿粉微粉 XRD 分析

2.1.2　粉煤灰性能分析

表 2.3 为组成粉煤灰的主要氧化物含量,粉煤灰中氧化钙含量一般较少,而

铝含量较大,这有利于无机聚合物的聚合反应。

表 2.3　粉煤灰主要氧化物含量　　　（单位:%）

提供地区	主要化学成分含量					烧失量
	Al_2O_3	CaO	SiO_2	Fe_2O_3	SO_3	
深圳	23.14	6.38	55.37	6.87	0.93	2.19
乌鲁木齐	27.10	9.25	47.08	6.79	1.39	3.71
包头	23.26	7.66	52.66	6.81	1.09	0.97
武汉	20.26	3.46	55.03	7.80	1.90	2.81

不同地区粉煤灰 XRD 分析如图 2.3 所示。由图可见,粉煤灰中玻璃体含量明显低于矿粉微粉,其结晶相主要为莫来石和水钙沸石。因此,粉煤灰的活性低于矿粉微粉。

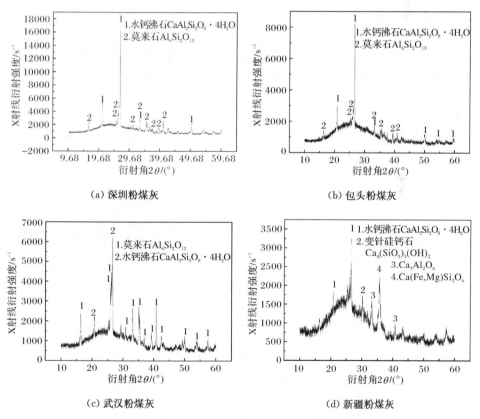

（a）深圳粉煤灰　　　　　　　　　（b）包头粉煤灰

（c）武汉粉煤灰　　　　　　　　　（d）新疆粉煤灰

图 2.3　各地粉煤灰的 XRD 分析

2.2　无机聚合物合成机理研究

2.2.1　无机聚合物铝硅溶解-缩聚理论

无机聚合物材料的合成主要包括溶解、水解、缩聚和固化等过程,即固体原料在碱性条件下溶解而释放出硅、铝和其他离子,其中硅、铝离子通过水解而形成特定的硅、铝氢氧离子团。这些离子团相互发生缩合反应而形成更大的离子团,并逐渐形成胶凝相而导致材料固化。无机聚合物体系中主要含有 Si、Al、Ca、Na、K 等元素,其中 Ca-Si 的水硬化反应与水泥材料基本相同,在此就不再进行详细讨论。本书主要对无机聚合物中的 Si、Al 离子在强碱性环境下的水解、缩聚反应机理进行研究分析,以阐明无机聚合物胶凝材料的凝结机理。

1. 铝、硅离子水解过程分析

基于 Sanderson[16]的电负性均衡原理提出的电荷分布计算模型是溶胶-凝胶化学中研究离子团水解反应的有效手段。本章采用该模型对无机聚合物反应过程中 Al、Si 基团各元素的电荷分布进行计算,在此基础上阐明水解过程中各基团的存在形式。

根据 Livage 等[17]的电荷分布模型,某原子 i 在一定的分子结构中的电荷应按式(2.5)计算:

$$\delta_i = \frac{\bar{\chi} - \chi_i^\circ}{k \sqrt{\chi_i^\circ}} \tag{2.5}$$

式中,δ_i 为原子 i 在分子中的电荷;k 为常数,一般选为 1.36;$\bar{\chi}$ 为分子的平均电负性;χ_i° 为 i 原子的电负性。

方程(2.5)中的 $\bar{\chi}$ 可通过式(2.6)解得

$$\bar{\chi} = \frac{\sum_i p_i \sqrt{\chi_i^\circ} + kZ}{\sum_i \left(\frac{p_i}{\sqrt{\chi_i^\circ}}\right)} \tag{2.6}$$

式中,p_i 为分子中原子 i 的化学计量数;Z 为分子的净电荷。

对于不同的金属原子在不同 pH 条件下的水化反应率 h 可以通过式(2.7)计算得

$$h = (z - N\delta_O - 2N\delta_H - \delta_M)/(1 - \delta_H) \tag{2.7}$$

式中,N 为正电荷相关数;δ_O、δ_H、δ_M 分别是 O、H 和金属原子的电荷,其值可以通

过式(2.8)计算得到

$$\delta_i = \frac{\chi_w - \chi_i^{\circ}}{k \ \sqrt{\chi_i^{\circ}}} \tag{2.8}$$

式中，χ_w 为水在一定的 pH 条件下的电负性，可由式(2.9)计算得到：

$$\chi_w = 2.732 - 0.035 \mathrm{pH} \tag{2.9}$$

基于以上的电荷分布计算模型，首先计算在 pH 为 12～14 的范围内铝离子水化率及 Al、O、H 原子的电荷分布，具体数据见表 2.4。

表 2.4　Al 原子水解参数计算

pH	水溶液电负性 χ_w	水化率 h_{Al}	基团结构
14	2.24	4.2	
13	2.28	4.1	$[Al(OH)_4]^-$
12	2.31	3.9	

由表 2.4 可见，在高碱浓度下 Al 离子的水化率约为 4。在碱性溶液中铝组分的水解反应可表示为(h_{Al} 为铝的水化率)

$$[Al(OH_2)_4]^{3+} + h_{Al} H_2O \longrightarrow [Al(OH)_{h_{Al}}(OH_2)_{4-h_{Al}}]^{(3-h_{Al})+} + h_{Al} H_3O^+ \tag{2.10}$$

以 $h_{Al} = 4$ 代入以上反应式，可知 Al 的水解产物主要是以 $[Al(OH)_4]^-$ 形式存在。这一计算结果与已知的核磁共振(nuclear magnetic resonance，NMR)试验结果完全一致。

同样，对硅离子在 pH 为 12～14 的范围内的水化率进行计算，具体数据见表 2.5。由表可见，在高碱浓度下 Si 离子的水化率为 5.3～5.5，说明在该条件下 Si 的水化率为 5 和 6。

表 2.5　Si 原子水解参数计算

pH	水溶液电负性 χ_w	水化率 h_{Si}	基团结构
14	2.24	5.5	
13	2.28	5.4	$[SiO(OH)_3]^-$
12	2.31	5.3	$[SiO_2(OH)_2]^{2-}$

在碱性溶液中硅组分的水解反应可表示为(h_{Si} 为硅的水化率)

$$[Si(OH_2)_4]^{4+} + h_{Si} H_2O \longrightarrow [Si(OH)_{h_{Si}}(OH_2)_{4-h_{Si}}]^{(4-h_{Si})+} + h_{Si} H_3O^+ \tag{2.11}$$

以 $h_{Si} = 5$ 和 $h_{Si} = 6$ 代入以上反应式，可知硅离子的水解产物主要是以 $[SiO(OH)_3]^-$、$[SiO_2(OH)_2]^{2-}$ 形式存在。随着 pH 的升高，水化率 h_{Si} 增大，表明生成 $[SiO_2(OH)_2]^{2-}$ 离子团的反应相应增强，导致 $[SiO_2(OH)_2]^{2-}$/$[SiO(OH)_3]^-$ 的浓度比增加。这一计算结果与以前的研究相符。例如，Zhdanov

以光谱法测得这两种离子在碱性条件下均存在。Barrer 和其他研究亦证实了 $[SiO_2(OH)_2]^{2-}$ 和 $[SiO(OH)_3]^-$ 在碱性条件下的存在。Caullet 和 Guth 的研究进一步表明在 pH 为 12 时,$[SiO(OH)_3]^-$ 为主要组元,而 $[SiO_2(OH)_2]^{2-}$ 的浓度则随 pH 的升高而增加。

2. 铝、硅离子缩聚过程分析

虽然对于无机聚合物材料的形成机理研究还有待深入,但人们对水泥固化机理及制造沸石的铝-硅酸盐系统的合成机理却有长期而充分的试验研究[18~23]。这些研究表明,在不同的 pH 条件下,从固体原料中溶出和水解生成的 $[SiO(OH)_3]^-$、$[SiO_2(OH)_2]^{2-}$ 和 $[Al(OH)_4]^-$ 离子团之间能通过亲核加成反应形成过渡产物,并最终组成较大的硅、铝氢氧离子团,这个过程的化学反应为缩合反应。无机聚合物合成过程中发生的缩合反应主要可分为两类:一类是铝-硅组元之间的缩合;另一类是硅-硅组元之间的缩合。而根据 Lowenstein 规则[24],在铝、硅离子共存的溶液中,铝-铝组元之间的缩合将不会发生。

采用第一性原理的密度泛函理论可以对硅-硅组元和硅-铝组元之间的缩合反应进行理论计算。通过比较反应过程的各物质能量变化,能够分析缩合反应机理,特别是铝元素在无机聚合物形成中的作用,为早强无机聚合物材料制备技术提供理论基础。

计算使用的软件是 DMol³ 程序。DMol³ 程序是一种以密度泛函理论(density functional theory,DFT)为基础的量子力学程序,能为材料科学提供可靠的计算结果。根据国内外已有的对于铝硅酸盐研究结果,采用密度泛函理论下的广义梯度近似(general gradient approximation,GGA),对全部的构型进行结构优化和电子性质计算。在 GGA 中,BLYP 函数对键长键角及能量的计算最为准确,所以选择了 BLYP 函数。所有的计算均是在 Fine 网格下完成的,采用带极化的双数值原子基组(double numeric with polarization,DNP)。自洽过程以体系的能量和电荷密度分布是否收敛为依据,精度均优于 10^{-6}a. u.,梯度和位移的收敛精度分别优于 10^{-3}a. u. 和 10^{-5}nm;对于能量的收敛精度优于 1.0×10^{-6}a. u.。

1) $[SiO(OH)_3]^-$、$[SiO_2(OH)_2]^{2-}$ 和 $[Al(OH)_4]^-$ 离子团的基本性质

(1) $[SiO(OH)_3]^-$ 离子团结构特征。

图 2.4 为优化后的 $[SiO(OH)_3]^-$ 离子团结构。该离子团中 Si 和 H 离子的 Mulliken 电荷分别为 $+1.43$ 和 $+0.28$;三个与 H 相连的 O 离子电荷均为 -0.75,而另一个没有与 H 相连的 O 离子电荷为 -1.01。

$[SiO(OH)_3]^-$ 离子团中三个 Si—O(H) 键的键长为 $1.70 \sim 1.71$Å,而另一个 Si—O 键的键长为 1.58Å,相比 Si—O(H) 键约缩短 7%。由于 Si—O 键较短,而其 O 离子又带有较大负电荷,因而它对相邻的 O 离子形成较大排斥,使得与它

相邻的 Si—O(H) 键夹角大而其他键间夹角被压缩而变小（表 2.6）。因此 [SiO(OH)$_3$]$^-$ 离子团结构为有畸变的四面体。

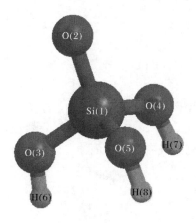

图 2.4　[SiO(OH)$_3$]$^-$结构

表 2.6　[SiO(OH)$_3$]$^-$ 中 O—Si—O 键的键角分布

键角名称	O$_2$—Si—O$_3$	O$_3$—Si—O$_4$	O$_3$—Si—O$_5$	O$_2$—Si—O$_4$	O$_2$—Si—O$_5$	O$_4$—Si—O$_5$
键角/(°)	117.92	112.16	115.40	101.64	101.56	106.56

（2）[SiO$_2$(OH)$_2$]$^{2-}$ 离子团结构特征。

图 2.5 为优化后的 [SiO$_2$(OH)$_2$]$^{2-}$ 离子团结构。该离子团中 Si 和 H 离子的 Mulliken 电荷分别为 +1.28 和 +0.25；两个与 H 相连的 O 离子电荷均为 -0.79，而另外两个没有与 H 相连的 O 离子电荷均为 -1.09。离子团中两个 Si—O(H) 键的键长为 1.75~1.77Å，而另两个 Si—O 键的键长均为 1.60Å，相比 Si—O(H) 键约缩短 9%。与以上理由相似，Si—O 键的 O 离子对相邻的 O 离子形成较大排斥，使与之相邻的 Si—O(H) 键夹角大而其他键间夹角被压缩而变小（表 2.7）。因此 [SiO$_2$(OH)$_2$]$^{2-}$ 离子团结构为有畸变的四面体。

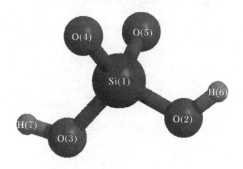

图 2.5　[SiO$_2$(OH)$_2$]$^{2-}$结构

表 2.7　$[SiO_2(OH)_2]^{2-}$ 中 O—Si—O 键的键角分布

键角名称	O_2—Si—O_3	O_3—Si—O_4	O_3—Si—O_5	O_2—Si—O_4	O_2—Si—O_5	O_4—Si—O_5
键角/(°)	109.71	121.62	108.58	106.89	97.75	109.66

(3) $[Al(OH)_4]^-$ 离子团结构特征。

图 2.6 为优化后的 $[Al(OH)_4]^-$ 离子团结构。离子团中 Al、H 和 O 离子的 Mulliken 电荷分别为 $+1.13$、$+0.25$ 和 -0.78;四个 Al—O(H)键长均为 1.80Å。由于 Al 离子为正三价离子,因此在形成四配位的 $[Al(OH)_4]^-$ 时,四个键中有一个为配位键,这引起四个(H)—O—Al—O(H)键间夹角不同(表 2.8)。因此 $[Al(OH)_4]^-$ 离子团结构为有畸变的四面体。

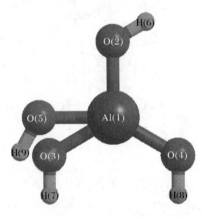

图 2.6　$[Al(OH)_4]^-$ 离子团结构

表 2.8　$[Al(OH)_4]^-$ 中 O—Al—O 键的键角分布

键角名称	O_2—Al—O_3	O_3—Al—O_5	O_2—Al—O_4	O_2—Al—O_5	O_4—Al—O_5	O_3—Al—O_4
键角/(°)	108.11	108.11	112.48	112.05	112.48	103.03

2) $[SiO(OH)_3]^-$、$[SiO_2(OH)_2]^{2-}$ 和 $[Al(OH)_4]^-$ 缩合反应前后的总能量变化

$[SiO(OH)_3]^-$、$[SiO_2(OH)_2]^{2-}$ 和 $[Al(OH)_4]^-$ 离子团之间可能发生的缩合反应如下:

$$[SiO(OH)_3]^- + [SiO(OH)_3]^- \longrightarrow [Si_2O_3(OH)_4]^{2-} + H_2O \quad (2.12)$$

$$[SiO_2(OH)_2]^{2-} + [SiO_2(OH)_2]^{2-} \longrightarrow [Si_2O_5(OH)_2]^{4-} + H_2O \quad (2.13)$$

$$[SiO(OH)_3]^- + [SiO_2(OH)_2]^{2-} \longrightarrow [Si_2O_4(OH)_3]^{3-} + H_2O \quad (2.14)$$

$$[Al(OH)_4]^- + [SiO_2(OH)_2]^{2-} \longrightarrow [(OH)_3Al—O—SiO_2(OH)]^{3-} + H_2O$$

$$\quad (2.15)$$

$$[Al(OH)_4]^- + [SiO(OH)_3]^- \longrightarrow [(OH)_3Al—O—SiO(OH)_2]^{2-} + H_2O$$
$$(2.16)$$

通过对反应物和生成物总能量的计算,可以根据反应前后能量的变化判断以上反应进行的可能性。根据计算结果(表 2.9),上述反应中,反应式(2.14)(即[SiO(OH)$_3$]$^-$与[SiO$_2$(OH)$_2$]$^{2-}$的缩合)难以自发进行,因为反应后产物总能量增加。其他反应均有可能发生,因为反应后产物总能量均减低。但[SiO$_2$(OH)$_2$]$^{2-}$与[SiO$_2$(OH)$_2$]$^{2-}$之间的反应前后能量变化很小,预示[SiO$_2$(OH)$_2$]$^{2-}$与[SiO$_2$(OH)$_2$]$^{2-}$的反应可能也难以进行充分。

表 2.9 [SiO(OH)$_3$]$^-$、[SiO$_2$(OH)$_2$]$^{2-}$和[Al(OH)$_4$]$^-$缩合反应前后的总能量变化

反应物分子式	[SiO(OH)$_3$]$^-$ +[SiO(OH)$_3$]$^-$	[SiO$_2$(OH)$_2$]$^{2-}$ +[SiO$_2$(OH)$_2$]$^{2-}$	[SiO(OH)$_3$]$^-$ +[SiO$_2$(OH)$_2$]$^{2-}$	[SiO$_2$(OH)$_2$]$^{2-}$ +[Al(OH)$_4$]$^-$	[SiO(OH)$_3$]$^-$ +[Al(OH)$_4$]$^-$
反应物总能量 /hartree	−1185.350643	−1184.347341	−1184.872814	−1138.425122	−1138.929264
生成物分子式	[Si$_2$O$_3$(OH)$_4$]$^{2-}$ +H$_2$O	[Si$_2$O$_5$(OH)$_2$]$^{4-}$ +H$_2$O	[Si$_2$O$_4$(OH)$_3$]$^{3-}$ +H$_2$O	[SiAl(OH)$_4$O$_3$]$^{3-}$ +H$_2$O	[SiAl(OH)$_5$O$_2$]$^{2-}$ +H$_2$O
生成物总能量 /hartree	−1185.368174	−1184.348789	−1184.86772	−1138.429002	−1138.935365
能量差 /(kJ/mol)	−44.98	−3.71	13.07	−9.95	−15.65

注:1hartree=110.5×10^{-21}J。

3) [SiO(OH)$_3$]$^-$、[SiO$_2$(OH)$_2$]$^{2-}$和[Al(OH)$_4$]$^-$离子团之间缩合反应机理

(1) 硅离子团之间缩合反应机理。

根据文献[25]中已有相关研究结果,硅离子团之间的缩合反应需经历硅为五配位的硅氧过渡态。本章对于[SiO(OH)$_3$]$^-$和[SiO$_2$(OH)$_2$]$^{2-}$离子团间反应[反应式(2.14)]过渡态进行了计算,结果表明,[SiO(OH)$_3$]$^-$和[SiO$_2$(OH)$_2$]$^{2-}$的反应[反应式(2.14)]及[SiO$_2$(OH)$_2$]$^{2-}$和[SiO$_2$(OH)$_2$]$^{2-}$的反应[反应式(2.13)]的五配位硅氧过渡态难以形成。原因可能是[SiO$_2$(OH)$_2$]$^{2-}$硅氧四面体中两个Si—O键明显缩短,导致氧离子对于硅离子的屏蔽作用增强,外来氧离子难以接近硅离子而形成五配位的硅氧过渡态。而对于[SiO(OH)$_3$]$^-$离子团相互间反应[反应式(2.12)]的过渡态计算表明,两个[SiO(OH)$_3$]$^-$离子团之间能发生反应,研究结果如下。

在水溶液中两个[SiO(OH)$_3$]$^-$离子团将首先形成以氢键相连的缔合,因为这种缔合能使能量下降 21.61kJ/mol。这种缔合的离子团进而反应形成硅氧过渡态,如反应式(2.17)所示。

$$[SiO(OH)_3]^- + [SiO(OH)_3]^- \longrightarrow [(OH)_2OSi\overset{\overset{\displaystyle HO}{|}}{\underset{}{}}\!\!\!\!\!\!\!\!\!\!\!\!\!—O—\overset{\overset{\displaystyle H}{|}}{\underset{}{}}\!\!\!\!\!\!\!\!\!\!\!SiO(OH)_2]^{2-}$$

$$\longrightarrow [SiO_2O_3(OH)_4]^{2-} + H_2O$$

$$(2.17)$$

硅氧过渡态优化后结构如图 2.7 所示。

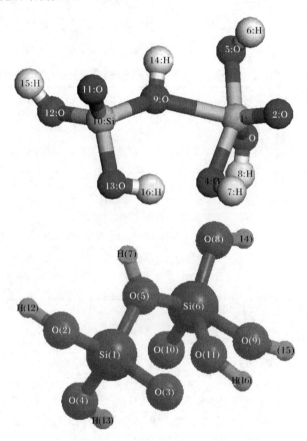

图 2.7　$[SiO(OH)_3]^-/[SiO(OH)_3]^-$ 过渡态结构（TS1）

这一过渡态物质将脱水并形成反应产物。整个反应过程能量变化如图 2.8 所示。

由图 2.8 可知，形成 TS1 过渡态需较高能量，因而形成五配位的硅氧过渡离子团较困难。这主要是因为硅离子的离子半径较小（为 0.4Å），在硅氧四面体中硅被氧离子紧密包围，外来离子难以接近硅离子形成新的键合。

（2）$[Al(OH)_4]^-$ 离子团与 $[SiO(OH)_3]^-$ 和 $[SiO_2(OH)_2]^{2-}$ 离子团之间缩合反应机理。

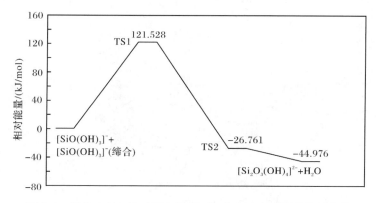

图 2.8　$[SiO(OH)_3]^-/[SiO(OH)_3]^-$ 缩合反应过程的能量变化

已有的相关研究显示,铝离子团与硅离子团之间的缩合反应需经历五配位的铝硅氧过渡态。本章对于 $[Al(OH)_4]^-$ 与 $[SiO(OH)_3]^-$ 和 $[SiO_2(OH)_2]^{2-}$ 离子团间反应[反应式(2.15)、反应式(2.16)]过渡态的计算结果表明,$[Al(OH)_4]^-$ 与 $[SiO(OH)_3]^-$ 和 $[SiO_2(OH)_2]^{2-}$ 之间均能发生反应,研究结果如下。

① $[Al(OH)_4]^-$ 与 $[SiO(OH)_3]^-$ 之间缩合反应机理。

在水溶液中硅和铝的离子团将形成以氢键相连的缔合,因为这种缔合能使能量下降 14.67kJ/mol。这种缔合的离子团进而反应形成铝硅氧过渡态。计算表明,反应以如下机理进行在能量上较有利:

$$[SiO(OH)_3]^- + [Al(OH)_4]^- \longrightarrow [SiO(OH)_3]^- \overset{[Al(OH)_4]^-}{\underset{|}{}} \longrightarrow [(OH)_3Al—O—SiO(OH)_2]^{2-} + H_2O$$

(2.18)

过渡态优化后结构如图 2.9 所示。

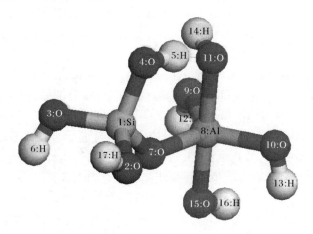

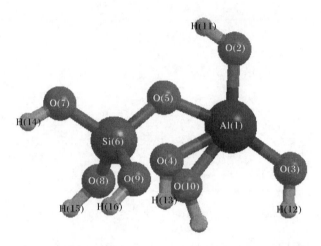

图 2.9 $[SiO(OH)_3]^-/[Al(OH)_4]^-$ 缩合反应过渡态结构

这一过渡态物质将脱水并形成反应产物。整个反应过程能量变化如图 2.10 所示。

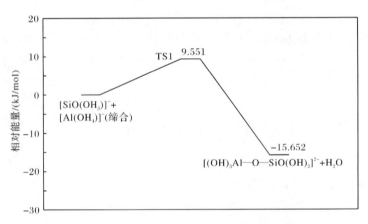

图 2.10 $[Al(OH)_4]^-/[SiO(OH)_3]^-$ 缩合反应过程的能量变化

由图 2.10 可知,相比两个 $[SiO(OH)_3]^-$ 离子团之间缩合反应的过渡态(图 2.8),$[Al(OH)_4]^-$ 与 $[SiO(OH)_3]^-$ 缩合反应的过渡态能量大幅度降低,仅为两个 $[SiO(OH)_3]^-$ 离子团形成的过渡态所需能量的 8.2%,所以,比较而言,$[Al(OH)_4]^-$ 与 $[SiO(OH)_3]^-$ 的缩合反应十分容易进行。这可能是由于 Al 离子半径较大(为 0.535Å),并且 Al—O(H)键的键长较长,因此容易形成五配位的过渡离子团。事实上,具有 6 配位的稳定铝离子化合物很常见。

② $[Al(OH)_4]^-$ 与 $[SiO_2(OH)_2]^{2-}$ 之间缩合反应机理。

在水溶液中 $[Al(OH)_4]^-$ 与 $[SiO_2(OH)_2]^{2-}$ 离子团能形成以氢键相连的缔

合,因为这种缔合能使能量下降 2.89kJ/mol。缔合的离子团进而反应形成铝硅氧过渡态,如反应式(2.19)所示。

$$[SiO_2(OH)_2]^{2-} + [Al(OH)_4]^- \longrightarrow \begin{matrix} [Al(OH)_4]^- \\ | \\ [SiO_2(OH)_2]^{2-} \end{matrix}$$

$$\longrightarrow [(OH)_3Al-O-SiO_2(OH)]^{3-} + H_2O \tag{2.19}$$

其优化后结构如图 2.11 所示。

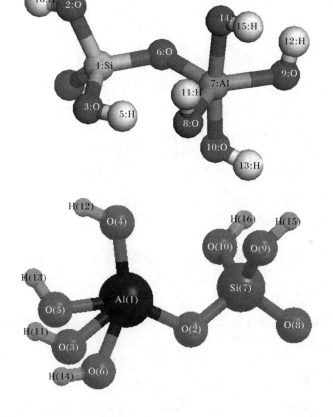

图 2.11　$[Al(OH)_4]^-/[SiO_2(OH)_2]^{2-}$ 缩合反应过渡态结构

这一过渡态物质将脱水并形成反应产物。反应过程能量变化如图 2.12 所示。

由图 2.12 可知,相比硅离子团之间的缩合反应(图 2.8),$[Al(OH)_4]^-$ 与 $[SiO_2(OH)_2]^{2-}$ 的缩合反应过渡态的能量也大幅度降低,仅为两个 $[SiO(OH)_3]^-$ 离子团形成过渡态所需能量的 16.3%。所以,比较而言,$[Al(OH)_4]^-$ 与

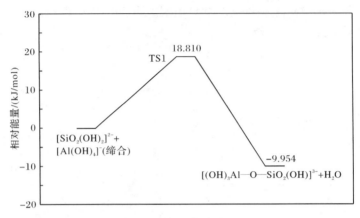

图 2.12　$[Al(OH)_4]^-/[SiO_2(OH)_2]^{2-}$ 缩合反应过程的能量变化

$[SiO_2(OH)_2]^{2-}$ 的缩合反应十分容易进行。但是 $[Al(OH)_4]^-$ 与 $[SiO_2(OH)_2]^{2-}$ 形成的过渡态能量比 $[Al(OH)_4]^-$ 与 $[SiO(OH)_3]^-$ 形成的过渡态能量高约 1 倍，显示出 $[Al(OH)_4]^-$ 更容易与 $[SiO(OH)_3]^-$ 反应。

以上计算表明，铝-硅基团之间的缩合反应速率将远比硅-硅基团间的缩合反应快。Michael 等[18]的试验结果表明，在 0℃下铝-硅间离子团的反应比硅-硅离子团间的反应快 1 万倍。

3. 无机聚合物反应历程分析

在以矿粉为原料合成的无机聚合物体系中，同时存在 Si-Ca 体系的反应和铝硅酸盐体系的反应，其中 Si-Ca 体系的水化反应历程与水泥水化反应相近，在此不再赘述。

以上计算和分析表明，在无机聚合物合成过程中，固体原料中的铝硅酸盐玻璃相首先发生溶解、水解反应（M 代表 Al 或 Si）：

$$[M(OH_2)_N]^{z+} + hH_2O \longrightarrow [M(OH)_h(OH_2)_{N-h}]^{(z-h)+} + hH_3O^+ \qquad (2.20)$$

在高碱性条件下，主要的水解产物为 $[Al(OH)_4]^-$、$[SiO(OH)_3]^-$ 和 $[SiO_2(OH)_2]^{2-}$。这些离子团之间进行缩合反应。根据计算结果，无机聚合物固化的初期反应主要为反应式(2.12)、反应式(2.13)和反应式(2.16)。其中铝-硅离子团之间的缩合反应远比硅-硅离子团之间反应所需能量低，所以铝-硅离子团之间的缩合反应比硅-硅离子团之间的反应快得多。由此可见，铝离子的存在能有效加速反应的进行，促进无机聚合物结构的形成。因此铝组元对于无机聚合物的快凝早强至关重要。而在合成地质聚合物时，铝组元的唯一来源是固体废弃物原料，因此固体废弃物原料中铝含量、原料在碱性条件下的易溶性和激发剂的碱度对于铝离子的溶出至关重要。另外，碱度过大将促进 $[SiO_2(OH)_2]^{2-}$ 离子团的形成。而计算已表明大量$[SiO_2(OH)_2]^{2-}$的存在将不利于缩合反应的进行,所以激发剂的碱度需要优化以合成快凝早强无机聚合物材料。

另一方面,由以上机理分析可见,粉煤灰和高炉矿粉微粉的玻璃体含量、比表面积及 Al 元素含量是决定其反应活性的关键因素,粉煤灰和矿粉在储存运输过程中的吸潮问题不会影响原料的活性,固体废弃物原料在正常包装条件下可实现长时间的保质储存。

2.2.2　其他合成机理

在众多地质聚合物文献中,有关反应机理的描述大多引用 Davidovits 的以偏高岭土为原料,NaOH 或 KOH 为激发剂的合成机理模型[5]。在强碱溶液的作用下,首先偏高岭土和无定形二氧化硅将发生 Si—O 和 Al—O 共价键的断裂,此时水溶液中生成硅酸和氢氧化铝的混合溶胶,溶胶颗粒之间部分脱水缩合生成正铝硅酸,碱金属离子 Na^+ 和 K^+ 被吸附在分子键周围以平衡铝氧四配位体所带的负电荷,反应如下:

$$(Si_2O_5,Al_2O_2)_n+wSiO_2+H_2O \xrightarrow{KOH+NaOH}$$

$$(Na,K)_{2n}(OH)_3\!-\!\overset{\overset{\displaystyle(-)}{|}}{Si}\!-\!O\!-\!Al\!-\!O\!-\!Si\!-\!(OH)_3 \tag{2.21}$$
$$\underset{\displaystyle 正铝硅酸}{|\!\!(OH)_2}$$

接着正铝硅酸分子上的羟基在碱性条件下很不稳定,形成氢键后进一步脱水缩合形成聚硅铝氧大分子链,反应如下:

$$n(OH)_3\!-\!\overset{\overset{\displaystyle(-)}{|}}{Si}\!-\!O\!-\!Al\!-\!O\!-\!Si\!-\!(OH)_3 \xrightarrow{KOH+NaOH}$$
$$\underset{\displaystyle 正铝硅酸}{|\!\!(OH)_2}$$

$$(Na,K)\!\!\left(\!\!\begin{array}{ccc}| & |(-) & | \\ Si\!-\!O\!-\!Al\!-\!O\!-\!Si\!-\!O \\ | & | & | \\ O & O & O\end{array}\!\!\right)_{\!\!n}\!+nH_2O \tag{2.22}$$
$$(Na,K)\text{-}PSS$$

在第一步反应式(2.21)中,当 SiO_2 的系数 $w=0$ 时,终产物即为(Na,K)-PS型;当 $w=2n$ 时,终产物为(Na,K)-PSS 型[(2.22)反应终产物中即是此种类型];当 $w=4n$ 时,终产物为(Na,K)-PSDS 型。Davidovits 还提出了地质聚合物缩聚大分子的结构通式:

$$M_n\!\!\left(\!-(SiO_2)_z\!-\!AlO_2\right)_n \cdot wH_2O \tag{2.23}$$

式中,M 代表阳离子,如 Na^+,K^+;n 为缩聚度;z 为硅铝比,其值取 1,2,3;w 为化学结合水数目；其结构模型如图 2.13 所示。

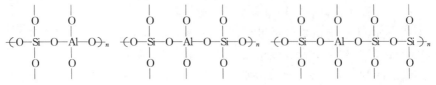

（1）铝硅酸 Poly(sialate)　　　（2）铝硅酸 Poly(sialate-siloxo)　　　（3）铝硅酸 Poly(sialate-disiloxo)

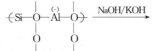

铝硅酸 Poly(sialate)　　　　　铝硅酸钠盐架构　　　　　　铝硅酸钾盐架构

（PS）　　　　　　Na-Poly(sialate)framework　　　K-Poly(sialate)framework

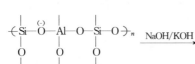

铝硅酸盐　　　　　　　　　铝硅酸盐架构　　　　　　铝硅酸钾盐架构

（Na,K)-Poly(sialate-siloxo)　　　　（Na,K)-Poly(sialate-siloxo)　　K-Poly(sialate-siloxo)

（PSS）　　　　　　　　　framework　　　　　　　framework

图 2.13　M_n—(Si—O—Al—O)$_n$ 聚合物大分子形成的模型

　　在研究硅铝酸盐合成 4Å 沸石分子筛的过程中，发现分子筛的合成过程中实际上包含了地质聚合物聚合反应机理，当聚合反应晶化程度非常低时，就可以生成地质聚合物，其反应过程如图 2.14 所示。在分子筛合成过程中，从形成凝胶阶段开始，如果给予适当的晶化条件，就会合成分子筛，否则就形成非晶结构的地质聚合物。

　　段瑜芳[26]通过对地质水泥的水化放热曲线研究，并和普通硅酸盐水化放热曲线对比，发现地质水泥的水化放热速率曲线与普通硅酸盐水泥在形式上十分相似，从放热的角度，也可以将其分为初始期、诱导期、加速期、减速期和稳定期这五个阶段。马鸿文等[27]将上述四段过程简单概括为：铝硅酸盐固体组分的溶解络合、分散迁移、浓缩聚合和脱水硬化。聚合反应是一个放热脱水过程，反应以水为介质，聚合后又将部分水排除，少量水则以结构水的形式取代[SiO₄]中 1 个 O 的位置。聚合反应过程为各种铝硅酸盐与强碱性硅酸盐溶液之间的化学反应与化学平衡过程。

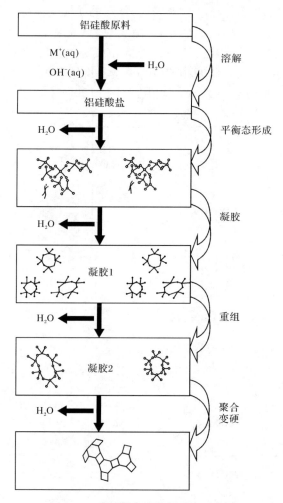

图 2.14 分子筛合成机理反应示意图

2.3 微 观 结 构

采用宝钢 S95 矿粉与激发剂 A 进行拌和,制备无机聚合物 1♯净浆,采用宝钢 S95 矿粉与激发剂 B 进行拌和,制备无机聚合物 2♯净浆,常温条件下放置不同龄期时,分别利用 SEM、能量色散 X 射线光谱仪(energy dispersive X-ray spectroscope, EDX)、XRD、核磁共振(nuclear magnetic resonance,NMR)测试手段对无机聚合物微观结构、元素构成与相结构进行表征与分析。

无机聚合物净浆（1#净浆）常温放置不同时间后的 XRD 分析结果如图 2.15 所示。由图 2.15 可见，矿粉与经过不同反应时间后的无机聚合物净浆（1#净浆）材料均呈玻璃态结构。随着反应时间的延长，净浆的衍射峰有锐化的趋势，说明浆体中的微观精细结构在逐渐规整化。这一点可能与体系中铝硅酸盐结构随着反应的进行不断向有序化转变有关。此外，矿粉中本身含有的结晶相衍射峰在整个反应历程中并无显著变化，说明矿粉体系中结晶相成分在此反应条件下并未参与反应。

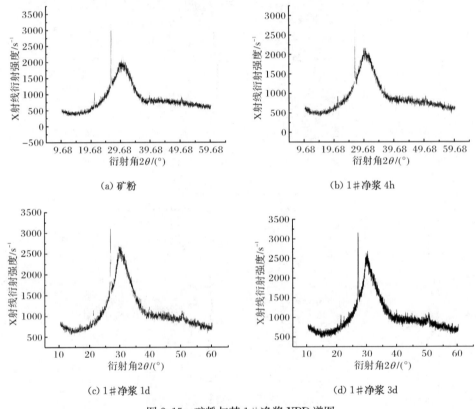

图 2.15　矿粉与其 1#净浆 XRD 谱图

对无机聚合物净浆与水泥净浆的微观结构进行 SEM 分析，结果如图 2.16 所示。从图 2.16 可见，这两类胶凝材料在固化后的显微结构完全不同。水泥水化 28d 产物呈棒状或纤维状晶体结构，其孔隙较大。而 1#净浆或 2#净浆无机聚合物净浆断口较平滑，看不到明显的结晶结构，呈现出玻璃态的断面形态，这与前面的 XRD 分析一致。同时从 1#净浆（4h 龄期）和 2#净浆（1d 龄期）的 SEM 照片可见，矿粉在激发剂作用下，首先外层开始溶解，同时生成新的铝硅酸盐。生成的铝硅酸盐逐渐连成一体，最终形成均匀结构。而且结构相对致密，孔隙较小。

图 2.17 是不同放大倍率下无机聚合物净浆（1#净浆）3d 的净浆微观结构，从

图中可以看出无机聚合物微观结构致密，且孔洞为封闭的孔洞[图 2.17(b)]。另外从图 2.17(b)图中可以看出在孔洞四周有少量的似枝状微晶体生成。由 5 万倍的 SEM 图[图 2.17(d)]可见，该材料微观结构呈现致密的类似于鱼鳞状的结构，说明该材料具有致密结构。

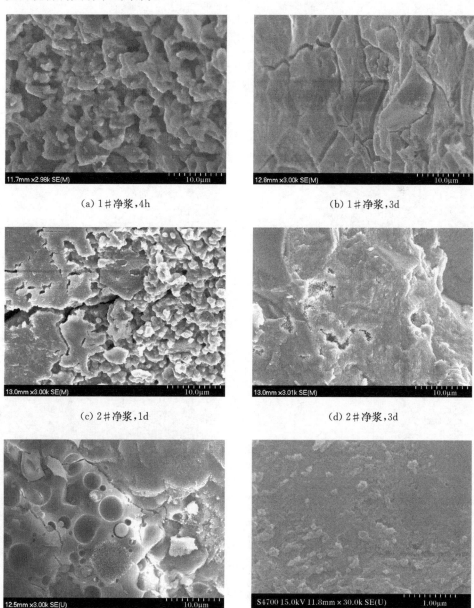

(a) 1#净浆，4h

(b) 1#净浆，3d

(c) 2#净浆，1d

(d) 2#净浆，3d

(e) 2#净浆，7d

(f) 2#净浆，28d

(g) 水泥净浆,28d

图 2.16　无机聚合物净浆、水泥净浆断口 SEM 图

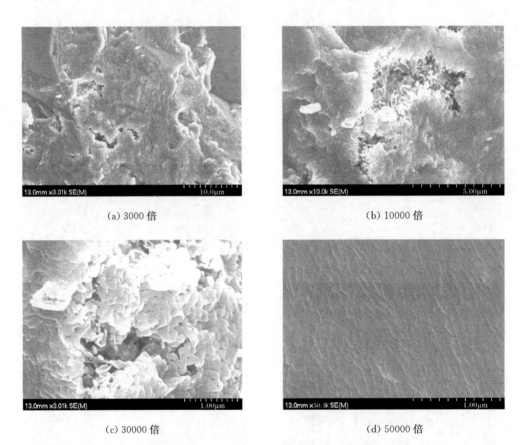

(a) 3000 倍　　　　　　　　　　　　(b) 10000 倍

(c) 30000 倍　　　　　　　　　　　　(d) 50000 倍

图 2.17　不同放大倍率无机聚合物 SEM 图

　　对无机聚合物净浆(1♯净浆)与水泥净浆进行能量色散 X 射线光谱仪对比分

析,结果如图 2.18 所示。由图 2.18 可见,无机聚合物(1#净浆)聚合产物与水泥水化产物结构有一定的差异,其中水泥水化后产物主要含有 Ca、Si、O、C,同时含有少量的 S 和 Al 元素,说明其水化产物主要是水化硅酸钙,同时含有少量的碳酸钙、硫铝酸钙(钙矾石)等化合物。而无机聚合物(位置 1)主要含有 O、Si、Ca、Al、C,同时含有少量 Na、Mg 元素,其中 Ca 的含量明显比水泥产物少,而 Si、O、Al 元素明显要高,说明主要含有铝硅酸盐类化合物。另外,无机聚合物(1#净浆)空洞处的树枝状晶体(位置 2)的 EDX 分析显示,各元素含量与水泥水化产物较为相近,说明无机聚合物(1#净浆)局部也同时发生了类似水泥的水化反应。

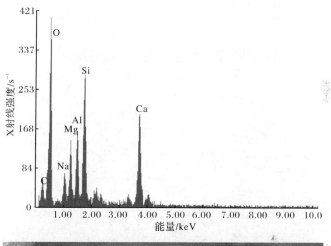

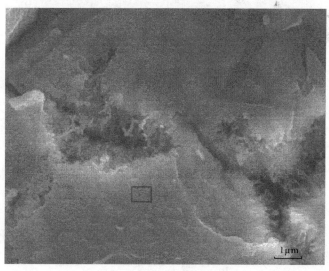

(a) 无机聚合物净浆(位置 1)

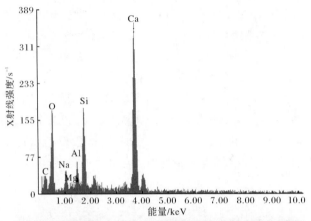

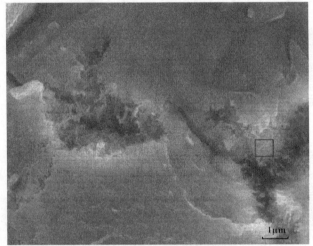

(b) 无机聚合物净浆(位置 2)

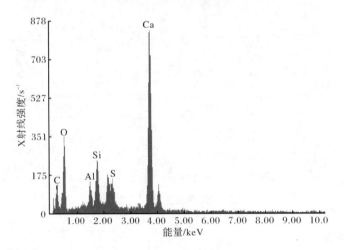

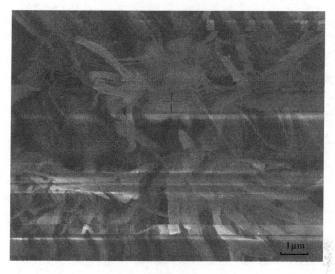

（c）水泥

图 2.18　无机聚合物净浆（1♯净浆）与水泥净浆 EDX 分析

　　对无机聚合物净浆和水泥净浆进行 NMR 分析，其^{29}Si 谱图如图 2.19 所示。由图 2.19(a)可知，水泥水化产物的^{29}Si 谱图中主要存在两个峰，分别为含端基的硅氧基团 Q^1 峰（-71.42ppm[①]）和在链中的 Si 基团 Q^2 峰（$-82.03 \sim -86.03$ppm）且含端基的硅氧基团含量最多。同时由图 2.19(b)可知，无机聚合物中硅原子主要形成铝硅酸盐结构，例如，化学位移位于 -82.03ppm 和 -74.02ppm 的 Q^2 峰和 Q^2(1Al)峰，以及位于$-110.3 \sim -117.1$ppm 的 Q^3 和 Q^4

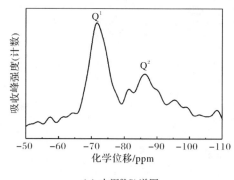

（a）水泥^{29}Si 谱图

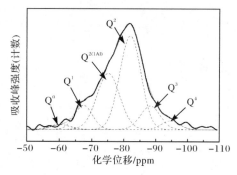

（b）1♯无机聚合物^{29}Si 谱图

---

① 1ppm$=1\times10^{-6}$，下同。

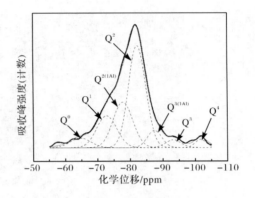

(c) 2#无机聚合物^{29}Si 谱图

图 2.19　胶凝材料^{29}Si NMR 谱图

结构。图 2.19(b) 中 Q^2(1Al) 峰与 Q^2 峰面积之比为 67%,而图 2.19(c) 中 Q^2(1Al)峰与 Q^2 峰面积之比为 42%,显示出 1#无机聚合物[图 2.19(b)]的胶凝相中铝含量明显高于 2#无机聚合物[图 2.19(c)]。与此相应的是,1#无机聚合物终凝时间为 30min,而 2#无机聚合物终凝时间为 90min。可见胶凝相中铝含量较高则终凝时间较短,与前面理论分析的结果一致。

第3章　无机聚合物胶凝材料性能

3.1　流　动　性

无机聚合物胶凝材料的浆体黏聚性较大,与硅酸盐水泥相比,其流动性能稍差,对混凝土施工不利。但大量试验证明,通过调整胶凝材料用量、添加混合材料及激发剂优选等方法能够改善无机聚合物胶凝材料的流动性能。

3.1.1　胶凝组分对流动性能的影响

矿粉的比表面积通常为 $450\sim550\mathrm{m^2/kg}$,比表面积越大,粉体颗粒越细,水化活性越大,同时拌和需水量也增加,即随着比表面积的增大,相同水胶比拌和时,流动性能变差。胶凝材料的掺量对流动性能的影响表现为:随着胶凝材料用量增大,浆体变得更为黏稠,胶凝材料增加会使水胶比降低,胶凝材料的强度增大,但对材料的收缩不利。所以,在无机聚合物中通常加入适量的粉煤灰以改善流动性能,这是因为粉煤灰一般为球形颗粒,添加粉煤灰将利用其颗粒在体系中的"滚珠"效应提高体系流动性。试验发现,随着粉煤灰添加量的增加,胶砂浆体流动性得到改善,但早期强度有较大下降,实际使用时要控制好其掺量,一般在 $10\%\sim35\%$ 范围效果较好。为了获得较好的耐久性能,会添加硅灰来提高无机聚合物胶凝材料的密实度,硅灰比表面积很大,添加硅灰往往使浆体需水量稍微增大,另外,硅灰的引入也会使浆体的黏聚性变大,对于胶凝材料的流动性不利。因此实际使用添加量一般以 $2\%\sim8\%$ 为宜。

3.1.2　减水剂对胶凝材料流动性的影响

迄今为止,尚未发现高效无机聚合物减水剂。为数不多的学者研究了减水剂对无机聚合物工作性能的影响,但研究结果却因使用不同的激发剂而不一致。Isozaki 等[28]在 NaOH 激发的矿粉水泥中分别使用了木质素磺酸钠和 β-萘磺酸钠甲醛缩聚物两种减水剂。结果表明,木质素磺酸钠有非常明显的塑化效果,能发挥减水作用,但是 β-萘磺酸钠甲醛缩聚物对胶凝材料净浆的流变性能影响不大。在硅酸钠激发的矿粉水泥砂浆中分别掺加 0.2%、0.5% 和 1.0%(以胶凝材料质量为基准)的木质素磺酸钠型和 0.5%、1.0%、5.0% 及 9.0% 的以萘系萘磺酸盐为基的塑化剂,结果表明除了 9.0% 的萘系磺酸盐外,其他掺量对砂浆的稠度并没有十分显著的影响。但是,这些塑化剂的加入却很明显地降低了混凝土的 1d 强度。Palacios 等[29]研究表明,羧酸盐减水剂、萘系减水剂、三聚氰胺减水剂对水玻璃激发矿粉胶凝材料净浆的流动性毫无改善作用。Bakharev 等[30]研究表明,萘系或木质素磺酸盐系减水剂的加入,会降低胶凝材料的 28d 强度;萘系减水剂能将无机聚合物混凝土的出机坍落度从 55mm 提高到 200mm,但是坍落度损失很快,仅10min 坍落度下降到几乎为零。Puertas 等[31]研究了聚羧酸系对水玻璃激发的矿粉胶凝材料的影响,研究表明聚羧酸系对力学性能没影响,对其工作性的改善效果不显著。Wang 等[32]研究了木质素磺酸钠和萘系减水剂对无机聚合物砂浆的作用,结果表明,这两种外加剂降低了无机聚合物砂浆的抗压强度,对工作性毫无改善作用。木质素磺酸盐是目前发现的无机聚合物胶凝材料较理想的减水剂,大量试验表明,不掺木质素磺酸盐的浆体流动度损失较快,而掺入后 90min 依然具有较好的流动性能。尽管减水率只有 $10\%\sim15\%$,但对改变无机聚合物浆体的性能很重要,因为这些盐类在减水的同时能使胶凝材料的凝结时间延长,起到缓凝作用。

综上所述,硅酸盐水泥混凝土中常用的减水剂在无机聚合物水泥及混凝土中减水作用甚微或无减水作用。开发新型适用于无机聚合物混凝土的减水剂十分具有挑战性,对于无机聚合物混凝土的性能提升具有重大意义。

3.2 凝结特性

3.2.1 无机聚合物快凝特性

碱-矿粉胶凝材料的凝结速率与矿粉的碱度有很大关系。矿粉的碱度由矿粉中碱性氧化物($CaO+MgO$)与酸性氧化物($SiO_2+Al_2O_3$)的比值 M_0 确定。$M_0>1$ 的矿粉为碱性矿粉,$M_0=1$ 的矿粉为中碱性矿粉,$M_0<1$ 的矿粉为酸性矿粉。用酸性矿粉配制的碱-矿粉胶凝材料凝结较慢,易于满足施工要求,但水泥的强度较低;用碱性矿粉的胶凝材料凝结速率快,强度高。因此,以下主要讨论碱度系数 $M_0>1$ 的碱性矿粉在碱激发剂的作用下凝结过快的问题。

蒲心诚等[33]认为碱-矿粉胶凝材料快凝的实质在于体系中的碱性组分在胶凝材料浆体中迅速离解,形成具有强大离子力的 OH^-。它们对矿粉玻璃体有强烈的破坏作用,使矿粉结构迅速解体与水化,短时间内形成大量的 C-S-H 凝胶,导致浆体的迅速凝结与快速硬化。这一观点与孙家瑛等[34]提出的碱-矿粉胶凝材料的水化机理一致。朱效荣[35]认为碱-矿粉胶凝材料的快凝是矿粉受碱的强烈激发,使矿粉玻璃体硅氧键断裂形成含有非桥氧的自由端和羟基的硅酸根离子,溶出的钙离子与硅酸根离子相互结合形成 C-S-H 凝胶,同时硅酸根离子在静电作用下进行了快速的聚合,引起快凝。姜中宏等[36]认为矿粉在碱性体系中,初期的水化以富钙相的迅速水化和解体并导致矿粉玻璃体解体为主,Ca—O 键的键能比 Si—O 键的键能小使得富钙相反应较为剧烈和迅速,而富硅相反应则较为缓慢。周焕海等[37]认为碱-矿粉胶凝材料用水玻璃作激发剂时,其中的 Na^+ 对 C-S-H 凝胶的生成起催化作用,虽然不直接参加水化反应,但它能加速水化反应。还有学者认为在碱性溶液中,由于高浓度 OH^- 的存在而导致 Si—O—Si、Si—O—Al、Al—O—Al 等共价键产生断裂,使矿粉玻璃体硅氧键断裂形成含有非桥氧的自由端和带羟基的硅酸根离子,OH^- 数量众多,它们对矿粉中的玻璃体产生强烈的破坏作用,使其结构解体。由于 Me—O 的键能较小,就有较多的 Ca^{2+} 进入溶液,短时间内 Ca^{2+} 与这些 $[SiO_4]^{4-}$ 相互结合形成大量致密的低碱度 C-S-H 凝胶,同时 $[SiO_4]^{4-}$ 在静电作用下进行快速聚合,从而导致浆体的迅速凝结与快速硬化。在水玻璃激发的无机聚合物体系中,快速凝结的直接原因是水玻璃的水解和硅胶化,OH^- 浓度的增大、Ca^{2+} 的析出迁移及低碱水化产物 C-S-H 凝胶的形成,大大加速了这一体系的凝结速度。

3.2.2　无机聚合物缓凝物质的选择

杨长辉等[38]于 1996 年研制出的 YP-1 缓凝剂对碱-矿粉胶凝材料具有明显的缓凝作用,但其作用效率较低,掺量较大。随后研制的 YP-3 复合缓凝剂是碱-矿粉胶凝材料较理想的缓凝物质,对碱-矿粉胶凝材料特别是高强碱-矿粉胶凝材料具有十分优良的缓凝作用,初凝时间在 22h 内任意可调,大幅度地降低新拌碱-矿粉混凝土坍落度的经时损失,同时对 7d 和 28d 强度的影响较小[39]。焦宝祥[40]研究了磷酸盐对水玻璃-矿粉胶凝材料缓凝的作用机制。结果表明最佳掺量的排列顺序是:多聚磷酸钠<磷酸钠<磷酸氢二钠<磷酸二氢钠,与阴离子团的电价数一致。缓凝效果以磷酸氢二钠最好,磷酸二氢钠最差。但磷酸盐类缓凝剂只能在水玻璃浓度较低和水胶比较高的情况下才能产生较好的缓凝作用。磷酸盐缓凝剂对水玻璃-矿粉胶凝材料的作用分为两个阶段:在低水玻璃浓度下,磷酸盐能够与被溶解的矿粉中的 Ca^{2+} 反应,生成难溶的磷酸钙或磷酸氢钙,在矿粉表面形成一层保护膜,阻止了系统中 OH^- 对矿粉的进一步激发,从而延缓了水化产物的大量产生,使系统的初凝时间延长;但是,当水玻璃浓度较高时,$[SiO_4]^{4-}$ 和 $[P_3O_{10}]^{5-}$、$[PO_4]^{3-}$、$[HPO_4]^{2-}$、$[H_2PO_4]^-$ 产生强烈的氢键缔合作用,形成凝聚结构,使水玻璃-矿粉水泥初凝。在低水玻璃浓度下,磷酸盐浓度较高时,磷酸根离子产生强烈的氢键作用也引起快凝现象。磷酸盐的阴离子团大小不一样,其离子价也不一样,离子价增高,凝聚能力显著增强,在掺量较少的情况下就产生缓凝作用,在掺量略多时产生快凝。另外,由于它们也是一种碱性物质,掺量较大时则为激发剂。因此,在水玻璃激发的碱胶凝材料中磷酸盐作为缓凝剂是不适宜的。

含钙材料尤其是消石灰对水玻璃-矿粉胶凝材料具有良好的缓凝作用。在常规水玻璃掺量下,含钙材料与水玻璃反应生成的凝胶在矿粉表面形成一层凝胶体保护膜,阻止了系统中 OH^- 对矿粉的进一步激发,使水化产物的晶核包裹在凝胶中,阻止其进一步生长,从而延缓水化产物的大量产生,避免颗粒进一步聚集,使系统的初凝时间延长。石灰、硅酸盐水泥也是碱性激发剂,其可以在较低的水玻璃浓度下,促进矿粉水化硬化。殷素红[41]研究结果表明,一些常用于水玻璃-矿粉胶凝材料的缓凝剂,如苹果酸、蔗糖、消石灰、碳酸钠、磷酸、磷酸钠等对碱激发碳酸盐矿-矿粉胶凝材料的凝胶时间没有延缓作用;硝酸铅、硝酸锌、氯化钠、硼酸钠可在一定程度上延长凝胶时间,但延长幅度较小。他们制备的一种外加剂 BS 可用作碱激发碳酸盐矿-矿粉胶凝材料的缓凝剂。据称 BS 的缓凝作用机理在于 BS 与水玻璃溶液发生反应在矿粉颗粒表面形成一层较为致密的包裹层,有效抑制碱组分在早期对矿粉剧烈的结构解体作用,从而起到延缓胶凝时间的作用,但此时,水玻璃溶液中的 OH^- 和 H_2O 仍不断地透过该包裹层且与矿粉粉体发生缓慢反应;当此反应进行到一定程度后,该包裹层破坏,水玻璃溶液将与矿粉颗粒直接接触,反应得以快速进行,导致胶凝材料浆液初凝、终凝并产生强度。氯化钡和硝酸钡作为碱-矿粉胶凝材料缓凝物质时有很好的缓凝作用,且随着掺量的增加缓凝作用更加明显。同时,酒石酸作为碱-矿粉胶凝材料缓凝物质时有较好的缓凝作用。氯化钡、硝酸钡、酒石酸作为碱-矿粉胶凝材料的缓凝物质时对碱-矿粉胶凝材料的强度尤其是早期强度产生了一定的副作用。Brough 等[42]研究了 NaCl 和苹果酸对水玻璃激发的矿粉体系凝结时间的影响,结果表明,NaCl 在掺量大时有很好的缓凝作用,但会降低强度,掺量 $<4.0\%$ 时,反而会起促凝作用。苹果酸单独加入或加入到有 NaCl 存在的体系中,都有明显的缓凝作用。Chang[43]的研究表明,磷酸的掺量超过 0.7% 时,对水玻璃激发的矿粉体系有较好的缓凝作用。磷酸和 Ca^{2+} 反应生成低溶解性的 $Ca_3(PO_4)_2$,降低了溶液中 Ca^{2+} 的浓度,使得生成 C-S-H 凝胶的速率减慢,达到缓凝的目的。Gong 等[44]的试验也表明磷酸钠的掺量 $>0.5\%$ 时,可以起到明显的缓凝作用。Agyei[45]研究了矿粉对 PO_4^{3-} 的吸附,发现矿粉对 PO_4^{3-} 的吸附量大于粉煤灰,而小于普通硅酸盐水泥。

3.2.3　影响凝结时间的因素

1. 激发剂模数及掺量

激发剂的模数 M_s 对无机聚合物胶凝材料凝结时间的影响很大,当激发剂模数 $M_s \leqslant 1$ 时,胶凝材料凝结时间极短,有时会出现闪凝现象。一般来讲,激发剂的模数越大,其凝结时间越长。图 3.1 为不同矿粉随激发剂模数变化的初凝时间结果。从图中可以看出,当 $M_s = 1.50$ 时,三种矿粉的初凝时间在 18.5min 左右;而

当 $M_s=2.40$ 时,初凝时间上升到 50min 左右。

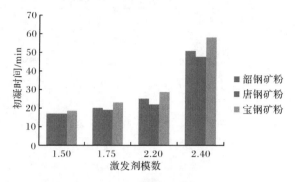

图 3.1　凝结时间随激发剂模数变化的趋势

同样,激发剂的含量对凝结时间也有很大的影响。随激发剂含量的增加,无机聚合物胶凝材料的凝结时间变短。图 3.2 为两种矿粉在不同激发剂含量激发下初凝时间的变化结果。

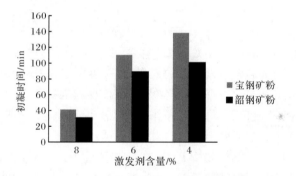

图 3.2　激发剂含量对无机聚合物胶凝材料初凝时间的影响

2. 基材

无机聚合物胶凝材料的铝硅组分基材和激发剂两部分均对材料性能有重要影响。对无机聚合物胶凝材料的标准用水量和凝结时间试验发现(表 3.1),采用相同配方的激发剂,S95 和 S75 矿粉在激发剂激发下均可发生硬化反应,其中 S95 矿粉较 S75 矿粉具有较高的反应活性,主要表现在反应凝结时间短,而 S75 矿粉凝结速率慢。S95 矿粉初凝时间最短为 40min 左右,但采用 S75 矿粉的 1 号配方配制的样品,2d 后仍未发生明显的凝结。可见不同活性的矿粉胶凝材料凝结时间差别很大。S95 和 S75 矿粉与不同配比的激发剂反应,其反应初凝时间与终凝时间可分别在 20～1540min、25～1870min 调整,适于制备需要不同凝结速率的胶凝材料。

表 3.1　S95 和 S75 矿粉制备无机聚合物凝结时间

激发剂配方	标准用水量/%	S95		S75	
		初凝时间/min	终凝时间/min	初凝时间/min	终凝时间/min
1	52.5	1540	1870	>2880	>2880
2	51.5	735	1010	980	1370
3	51.0	420	539	680	915
4	50.0	383	398	468	587
5	49.5	57	85	137	221
6	49.5	45	54	80	109
7	49.0	28	32	59	87
8	48.5	20	25	45	59
9	48.5	28	35	43	58
10	47.0	26	34	49	63
11	46.5	26	35	40	55
12	45.0	31	39	43	56

在无机聚合物胶凝材料中添加水泥,会使凝结时间变短,添加硅酸盐水泥的作用效果强于添加普通硅酸盐水泥的效果,且强度等级越高效果越明显。这主要是水泥中的硅酸三钙水化速率较快,使无机聚合物胶凝材料在短时间内形成一个骨架而硬化。但是凝结时间并不会随水泥掺量增大而一直缩短,掺量过大(>10%)还会降低后期强度,对耐久性能也不利。

当胶凝材料中含有低钙粉煤灰时,在某些情况下,并不因粉煤灰活性低而导致凝结时间延长,因为凝结时间还与粉煤灰的减水效果及胶凝材料中激发剂的含量有关。研究表明,在激发剂含量高时,掺 20% 粉煤灰的浆体于 30min 内终凝,而相同激发剂含量不掺粉煤灰浆体终凝时间为 34min,这与粉煤灰滚珠效应减水有很大的关系。

3. 温度

研究表明,无机聚合物胶凝材料的凝结受温度影响较为明显,无机聚合物胶凝材料在 25℃ 以上会快速发生水化反应,但较低的温度导致激发能不足而使得凝结时间大大延长。在激发剂含量较高、流动度较小时,温度对凝结时间的影响不大,而当激发剂含量较低、流动较大时,低温(10℃)与高温(28℃)条件下终凝时间可相差 20h。所以,为了在不同温度环境下更好地使用无机聚合物胶凝材料,需要对胶凝材料的激发剂含量和胶凝组分进行调整,满足工程建设需要。

4. 缓凝物质

如前所述,合适的缓凝物质对无机聚合物胶凝材料的凝结时间影响较大,图 3.3 为不同掺量的缓凝剂和激发剂模数对凝结时间的影响,从图 3.3 中可以看出,随着缓凝物质磷酸三钠掺量的增大,初凝时间逐渐增大,即使在模数较低的情况下仍能达到 40min 左右。

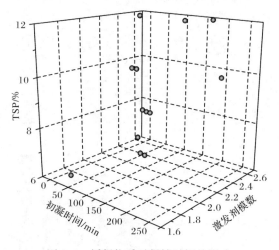

图 3.3　缓凝物质对凝结时间的影响

5. 水胶比

固定水玻璃的掺量为 10%,选用不同的水胶比,其凝结时间测定结果见表 3.2。

表 3.2　不同水胶比对初凝时间的影响

水胶比 W/C	0.34	0.36	0.38	0.40	0.42
初凝时间/min	20	27	33	39	44

由表 3.2 可见,当水玻璃掺量一定时,随着水胶比的增加,初凝时间延长。当水胶比不变时,随着水玻璃含量的增加,凝结时间缩短。其原因是在低水胶比下的碱浓度增加更快。由此可以看出,初凝时间主要与体系中碱溶液的浓度有关,即水化产物的生成速率与溶液中各种离子的浓度尤其是碱离子浓度有关,碱离子浓度越高,水化产物生成速率越快,凝结速率越快。

3.3　强　度

3.3.1　强度发展趋势

利用宝钢矿粉制备快速修补用无机聚合物胶砂试样,试验温度为 20~25℃,湿度为 40%~80%,试样成型后不养护,户外露天放置,测试不同龄期试样强度。强度检测结果见表 3.3,发展趋势如图 3.4 所示。

表 3.3　无机聚合物胶砂各龄期强度

龄期	4h	8h	1d	3d	7d	28d	3月	6月	1a
抗折强度/MPa	3.7	5.0	7.6	10.2	11.5	13.1	13.2	13.1	14.1
抗压强度/MPa	28.0	36.7	72.1	90.0	115.8	127.2	127.5	125.8	128.2

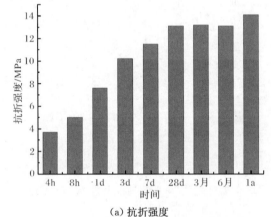

(a) 抗折强度

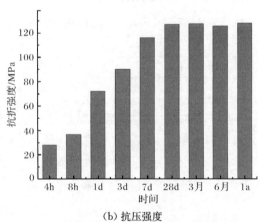

(b) 抗压强度

图 3.4　无机聚合物胶砂试样强度发展趋势

　　由图 3.4 可见,无机聚合物胶凝材料的抗折强度、抗压强度随着时间的延长不断增长,在 28d 时基本达到最大值,抗折强度达到 13.1MPa,抗压强度达到 127.2MPa,28d 后强度发展缓慢。可见该材料有 4～28d 强度发展快、28d 后强度发展速率减慢、1 年内强度逐步提高的发展规律,这说明无机聚合物胶凝材料结构逐步完善,致密化程度提高。

3.3.2　影响强度的因素

　1. 掺和料

　　采用深圳妈湾电厂 I 级粉煤灰,研究其对胶砂强度的影响。粉煤灰首先和矿粉充分混合,然后加入胶砂搅拌机,与激发剂混合搅拌,成型,然后测 4h 强度。采用甘肃三远微硅粉有限公司生产的硅灰,研究其对胶砂性能的影响。硅灰首先和矿粉充分混合投入胶砂搅拌机搅拌,与不同激发剂混合,成型,4h 后测试其胶砂试件的强度。

　　采用粉煤灰等质量替代矿粉后制备无机聚合物试样,结果见表 3.4。

表 3.4　粉煤灰对胶砂强度的影响

粉煤灰添加量/%	4h 强度/MPa		备注
	抗折强度	抗压强度	
0	3.7	28.0	终凝 30min,黏度大,流动性一般
5	2.7	21.0	终凝 39min,流动性一般
10	2.1	16.6	终凝 45min,流动性较好
15	2.1	16.3	终凝 46min,流动性好

　　由表 3.4 数据分析可见,添加粉煤灰后,胶砂抗折、抗压性能均有所降低,终凝时间延长,而且随着粉煤灰添加量的增加,胶砂强度逐渐降低,终凝时间进一步延长。粉煤灰一般为球形颗粒,添加粉煤灰将利用其颗粒在体系中的“滚珠”效应提高体系流动性。试验中发现随着粉煤灰添加量的增加,胶砂浆体流动性得到了很好的改善,但 4h 强度也有较大的下降。强度下降的原因是粉煤灰活性较低而颗粒细小,因此引入粉煤灰降低了无机聚合物网络结构的连续性,从而使早期强度受影响较大,对于材料早期强度提高不利。

　　王薇等[46]研究表明由于粉煤灰活性较低,在胶凝材料水化早期,主要进行的是矿粉受激发剂而发生的水化反应,随粉煤灰掺量的增加,胶凝材料的强度逐渐降低。然而,当矿粉和粉煤灰的比例合适时,强度下降的趋势并不明显。王聪[47]研究表明粉煤灰、煤矸石与矿粉复合时,常温下能发生碱激发反应,矿粉含量越高,胶凝材料强度越高。对粉煤灰复合体而言,矿粉含量超过 80% 时与纯矿粉得到近似等效的结果。

采用硅灰等质量替代矿粉后制备无机聚合物试样,结果见表 3.5。

表 3.5　硅灰对胶砂强度的影响

硅灰量/%	激发剂配方	溶胶比	4h 强度/MPa		备注
			抗折强度	抗压强度	
0	QX8	0.52	2.6	23.3	终凝 25min
5	QX8	0.52	2.6	19.5	终凝 30min
5	QX8	0.50	2.7	19.0	终凝 28min
10	QX8	0.52	2.4	18.3	终凝 28min
10	QX8	0.50	2.6	19.4	终凝 29min
10	QX8	0.48	2.4	17.3	终凝 29min
0	QJ3	0.58	3.9	27.3	终凝 9h(1d 强度)
5	QJ3	0.58	4.3	29.9	终凝 10h(1d 强度)
10	QJ3	0.58	—	—	终凝>24h

由表 3.5 分析可见,无机聚合物体系中添加硅灰影响较为复杂,在不同激发剂体系中有不同的影响。当采用自配的激发剂 QX8 时,硅灰的添加使流动性得到改善,同时对于终凝时间有适当的延长作用,但对 4h 强度影响不大。当采用自配 QJ3 激发剂时,硅灰的加入延长了终凝时间,但是对强度提高有一定好处。总体来说,硅灰(5%比较合适)可以适当地延长终凝时间,提高体系的流动性,一定程度上起到减水剂的作用。但是添加量不宜过多,否则对强度影响较大。

2. 养护温度

采用宝钢 S95 矿粉微粉与激发剂混合在室温条件下制备胶砂试件,而后分别采用室温养护、烘箱 60℃养护和微波 1min 养护三种方式进行养护,测试胶砂试样 2h、4h 抗折强度、抗压强度。结果见表 3.6。

表 3.6　养护温度对胶砂强度的影响

养护温度/℃	养护时间/h	抗折强度/MPa		抗压强度/MPa	
		2h	4h	2h	4h
20	—	2.0	2.4	14.8	17.2
60	0.5	2.3	2.7	17.5	25.5
60	2	3.4	4.5	22.1	36.2
微波功率/W	加热时间/min	抗折强度/MPa		抗压强度/MPa	
		2h	4h	2h	4h
—	0	2.0	2.4	14.8	17.2

续表

微波功率/W	加热时间/min	抗折强度/MPa		抗压强度/MPa	
		2h	4h	2h	4h
480	1	2.1	2.6	15.7	18.9
640	1	2.4	3.4	19.5	22.6
800	1	2.4	3.5	18.9	22.9

由表 3.6 可见,经过 60℃养护半个小时后,试件强度提高,其中 2h 强度已接近常温下 4h 强度。经过 60℃养护 2h,胶砂试件的强度有很大提高,其中 2h 强度已超过常温下 4h 强度。2h 和 4h 抗折强度均提高了 70%以上,抗压强度提高了 50%以上,说明提高养护温度可以显著加速该材料的反应进程,提高力学性能。

采用微波养护有利于提高胶砂强度,而且随着微波功率的增大,胶砂试样抗压强度、抗折强度不断增大,微波养护 1min 后胶砂件 2h 强度基本达到常温养护条件下 4h 的强度。这说明微波养护有利于缩短该材料凝结硬化时间,提高材料的机械性能。但试验也发现,微波加热的程度不能过大,因为微波的加热方式是从材料内部加热,例如,微波功率过大或者加热时间过长,材料内部温度过大,造成水的气化使试块内部产生较多的缺陷,反而使强度下降,有的甚至造成试块宏观上的胀裂。

综上所述,无机胶凝材料的养护温度对于材料的性能发挥具有一定的影响,适当的高温养护有利于提高材料力学性能,尤其是早期强度。比较烘箱加热养护和微波加热养护可见,微波加热养护效率高,对材料强度的提高显著,是一种高效的养护技术。

3. 流动度

图 3.5 为不同流动度的无机聚合物胶砂 3d 抗压强度测试结果,从图中可以看出,在流动度为 130mm 时胶砂试件 3d 抗压强度为 22.5MPa,流动度至 200mm 时强度只有 16.8MPa,即随着胶砂流动度的增大,强度逐渐降低。流动度对强度的影响主要是受水胶比影响,在大流动度时胶凝材料需水量增加,当激发剂含量一定时,材料内部的碱离子浓度降低,强度发展变慢。

图 3.6 为按照不同国家标准对流动度的要求(ASTM C 1157:106~115mm;Ukraine:130~150mm;GB17671—1999:>180mm)制备的胶砂抗压强度测试结果,从图中可知,在低流动度下试件可获得更高的强度。

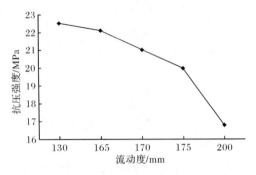

图 3.5　不同流动度下试件 3d 抗压强度测试结果

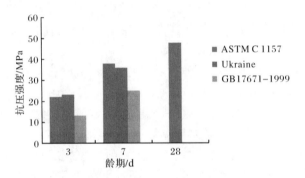

图 3.6　按照不同国家标准制备的胶砂抗压强度

3.4　耐久性能

3.4.1　耐气候性能

耐气候性能是指材料对外部气候条件及其变化的耐受性,乌克兰建筑标准 Sverdlovskii NII 通过干湿循环后胶砂试件的质量及强度变化来进行评定。其测试方法为:在室温环境,于水中浸泡 4h,然后放置在温度为 105～110℃烘箱里 15h,;在空气中冷却 1h 后再放回水中,以此为 1 个干湿循环。试验至 75 次、100 次、150 次、200 次循环时分别测定试件的强度和质量损失。

表 3.7 和表 3.8 为干湿循环后胶砂试件的质量及强度变化测试结果。

表 3.7　干湿循环后试件的质量变化

试件质量	循环次数			
	75	100	150	200
循环前/g	571.0	564.7	570.7	568.4

续表

试件质量	循环次数			
	75	100	150	200
循环后/g	567.7	560.0	562.7	560.2
质量损失率/%	0.578	0.832	1.402	1.443

注:根据乌克兰建筑标准 Sverdlovskii NII 检测。

表 3.8　干湿循环后试件的强度变化

循环次数	干湿循环			标准养护		
	抗压强度/MPa	抗折强度/MPa	压折比	抗压强度/MPa	抗折强度/MPa	压折比
75	115.5	10.3	11.21	106.1	11.2	9.47
100	116.1	11.7	9.92	110.6	11.9	9.29
150	119.1	11.0	10.83	112.4	11.8	9.52
200	120.4	11.0	10.95	113.7	12.0	9.47

注:根据乌克兰建筑标准 Sverdlovskii NII 检测。

从表 3.7 中可以看出,经干湿循环后,试件质量减小,且随着循环次数的增加,质量损失率增大。干湿试验过程包含浸泡和烘干两个阶段,由于结构存在孔缺陷,在浸泡时结构内部富余的钾钠自由离子向水中溶出,造成试件质量减小;另外,碳化反应会使试件质量略有增加,而烘烤带来的温度应力会造成试件表面剥落,剥落程度随循环次数增大而增强,综合效果是试件质量随循环次数增加质量损失增大。从表中可以看出,至 200 循环时,质量损失率仅为 1.443%,小于乌克兰建筑标准 Sverdlovskii NII 要求的 5%,干湿循环对试件质量影响较小。

干湿循环试件与标准养护试件抗压强度均随龄期增大而逐渐增加,表明试件后期强度一直在增长,而干湿循环试验对试件抗压强度影响较小;75~100 次循环试件抗折强度增大,增长率为 13.6%,基准样在同阶段抗折强度增长率为 6.25%,可知试件后期抗折强度也在不断增长,循环试样抗折强度增长幅度较基准样高出很多,是因为干湿循环会加剧残留矿粉和粉煤灰的水化进程;100~150 次循环试件抗折强度降低,抗折强度的降低是由于试件在烘干阶段较高的温度(105℃)使结构内部产生微裂纹,在受到外部应力时微裂纹扩展,削弱了抗折强度,另外,长期的干湿过程令结构孔隙内部的水分来回迁移,试件的脆性也会变大;150~200 次循环试件抗折强度基本不变,表明微裂纹数量并不是一直增加,压折比由 10.83 增加到 10.95,变化幅度很小,可见胶砂试件的耐气候性能良好;基准样在后期抗折强度变化不大(对应 100~200 次循环阶段),试件压折比为 9.3~9.5,胶砂试件弹塑性能较好。

　　干湿循环后试件的表观发生变化,试件断面外层变为银白色,且白色区域深度有随循环次数增加而增大的趋势,白色区域深度与试件 pH 关系,如图 3.7 所示。可以得知,随着循环次数的增加白色区域深度增大,在 75~150 次循环,增加幅度较大,150~200 次循环,深度变化很小,试件 pH 随循环次数增大而降低,下降规律与之类似,75~150 次循环,下降幅度较大,150~200 次循环,变化极小。试件 pH 降低,是结构内部少量游离碱向表面迁移,导致碱度降低;而更重要的是干湿循环过程伴随着碳化反应,在结构的表层区域生成中性的白色碳酸盐类物质。至 200 次循环时 pH 为 11.35,与标准养护的试件 pH 为 12.54 相比,虽下降幅度较大,但与 150 次循环 pH 为 11.34 相比,基本不变,保持稳定趋势而不是继续降低,很难发生钢筋锈蚀。

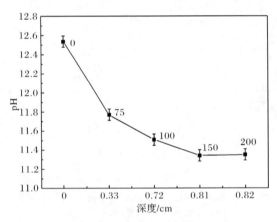

图 3.7　干湿循环后试件 pH 变化结果

3.4.2　耐酸腐蚀性能

　　采用 30% 硫酸溶液作为腐蚀介质在 70℃ 条件下对水泥胶砂试块(28d)与无机聚合物胶砂试块(7d)进行加速腐蚀试验,测量其抗折强度和质量损失率。腐蚀前后水泥胶砂试块与无机聚合物胶砂试块的抗折强度和质量损失率结果见表 3.9。

表 3.9　硫酸腐蚀后抗折强度与质量损失率的变化

材料	抗折强度/MPa			质量损失率/%		
	未腐蚀	腐蚀 2h	腐蚀 4h	未腐蚀	腐蚀 2h	腐蚀 4h
水泥	6.7	4.9	3.4	0	−5.5	−11.0
无机聚合物	7.2	7.5	11.1	0	−1.4	−1.9

　　由表 3.9 可见,普通硅酸盐水泥胶砂试件在硫酸腐蚀过程中,随着腐蚀时间的延长,抗折强度逐渐下降,同时质量损失率增大。部分结构脱落、溶解造成样品质量减少(图 3.8)。这说明硫酸介质破坏了水泥材料的结构。而无机聚合物胶砂经过硫酸溶液高温腐蚀后,其抗折强度不但没有下降反而有所提高,尤其是腐蚀 4h 后强度提高显著,由最初的 7.2MPa 提高到 11.1MPa,同时其质量损失较小。分析其原因可能是水泥水化产物为水化硅酸钙、氢氧化钙和硫铝酸钙等物质。其中氢氧化钙和硫铝酸钙易于受硫酸侵蚀。此外水泥结构中存在大量的毛细管通道,结构不够致密,在硫酸溶液的高温侵蚀下,酸性物质能够很快进入试块内部侵蚀水泥。而无机聚合物为具有—Si—O—Si—O—或—Si—O—Al—O—Si—结构的非晶态铝硅酸盐,Si—O—Si 键或 Si—O—Al—O 键具有较强的化学键能,因而酸性化合物不易使这些化学键断裂。并且无机聚合物结构致密,宏观缺陷较少,能够有效减缓外部离子进入材料内部,从而表现出优于水泥砂浆的耐酸腐蚀性能。从图 3.8 可以看出,水泥胶砂 2h 腐蚀后表面产生许多孔洞,4h 后表面层已全部脱落,而无机聚合物表观基本无变化。

（a) 2h　　　　　　　　　　　　　　　　　　　　　（b) 4h

图 3.8　30%硫酸溶液浸泡后试块外观

　　值得关注的是,无机聚合物胶砂经高温腐蚀后强度反而大幅度升高,其原因可能是 70℃的高温条件下,氢离子通过与钠离子的离子交换进入网络结构,导致局部 pH 下降,进一步促进了无机聚合物的合成反应,使其铝硅酸盐的聚合度大幅提高,内部网络结构更加致密,从而使强度提高。这点可从图 3.9 中胶砂断面看出。4h 后的断口整齐,其中的砂粒已全部断裂,表现出极高的黏结强度。

　　另外从水泥胶砂和无机聚合物胶砂腐蚀 4h 后表面和内部 SEM 图(图3.10)可以看出,硫酸溶液对无机聚合物的腐蚀只发生在表面,其内部依然是致密的结构,看不到腐蚀的痕迹,而硫酸溶液对水泥的腐蚀不仅发生在表面,而且其内部部分区域也遭受到了严重的腐蚀,从 EDX 分析来看这两类材料经过硫酸溶液腐蚀

图 3.9　无机聚合物胶砂腐蚀后断口

后表面的钙含量明显减少,说明含钙的化合物容易遭到酸的腐蚀,尤其水泥水化后大量的氢氧化钙首先遭受酸的分解,从图 3.10(d)中也可以看出,局部的氢氧化钙腐蚀较为严重,这一点从腐蚀后的试块表面的 XRD 分析结果(图 3.11)可以看出,这两类材料腐蚀后的样品表面均出现了石膏晶体,说明钙的化合物被硫酸腐蚀,另外从水泥被腐蚀后的 XRD 中可以看出,水泥中氢氧化钙晶体明显减少,说明水泥水化后形成的大量氢氧化钙容易遭受酸的腐蚀,而无机聚合物材料聚合后产物中未见氢氧化钙晶体,这是无机聚合物材料比水泥类材料耐腐蚀的重要原因。

　　李腾忠等[48]认为无机聚合物化学组成简单,化学结构主要以共价键为主,有长期抵御侵蚀的能力,使用寿命可达上千年。并列出了几种水泥的抗侵蚀性能,见表 3.10,无机聚合物水泥的抗酸侵蚀性能要明显强于其他种类。

（a）无机聚合物腐蚀试块表面

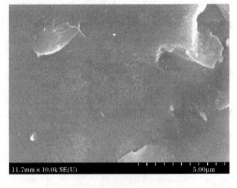

（b）无机聚合物腐蚀试块内部

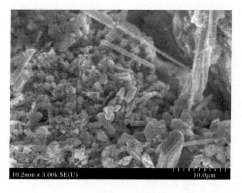

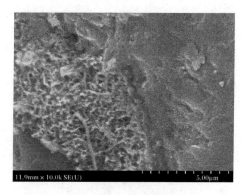

（c）水泥试块腐蚀表面　　　　　　　　（d）水泥试块腐蚀内部

图 3.10　水泥与无机聚合物腐蚀 4h 后表面与内部对比

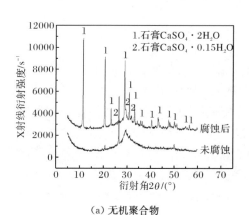

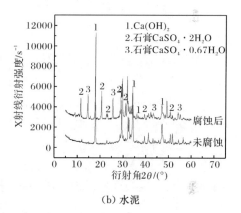

（a）无机聚合物　　　　　　　　　　（b）水泥

图 3.11　水泥与无机聚合物腐蚀前后 XRD 对比

表 3.10　几种胶凝材料抗酸性能的比较

材料名称	质量损失率/%	
	硫酸	盐酸
硅酸盐水泥	95	78
矿粉水泥	96	15
铝硅酸盐水泥	30	50
无机聚合物胶凝材料	7	6

3.4.3　高温稳定性

采用马弗炉分别在 450℃和 650℃下对无机聚合物胶砂试块（7d）和硅酸盐水

泥胶砂试块(28d)进行2h高温烧结处理,测量试样的强度。无机聚合物胶砂试块和水泥胶砂试块耐高温性能结果如图3.12所示。

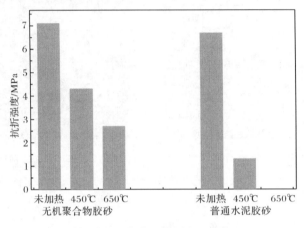

图3.12　胶砂试样耐高温性能

由图3.12可见,经过450℃煅烧2h后,无机聚合物胶砂抗折强度从7.1MPa降到4.3MPa,下降了39.4%,而水泥胶砂从6.7MPa下降到1.3MPa,下降幅度高达80.6%。从试件外观来看,无机聚合物胶砂无异样,水泥胶砂局部出现较大裂纹。650℃煅烧2h后,无机聚合物胶砂强度降到2.7MPa,下降了62.0%,而水泥试块已炸裂,无法测量。由图3.13可以看出,水泥胶砂试块已断成多截,边角和侧面多处出现爆裂,无任何强度;而无机聚合物胶砂整体外观较好,表面仅出现细小龟裂,无爆裂现象。由此可见,无机聚合物的耐高温性能要明显优于水泥类胶凝材料。

图3.13　650℃煅烧后试样

另外,从不同温度处理后两类材料的 XRD 分析结果(图 3.14)可以看出,水泥在 650℃时氢氧化钙特征峰明显减弱,说明在此温度下水泥中的氢氧化钙发生了分解,因此引起了试块的爆裂现象,而无机聚合物材料在 650℃、2h 后却生成了大量长石晶体,说明在高温下无机聚合物材料的结构在向结晶的沸石结构转变,这是无机聚合物材料比水泥材料耐高温的原因。

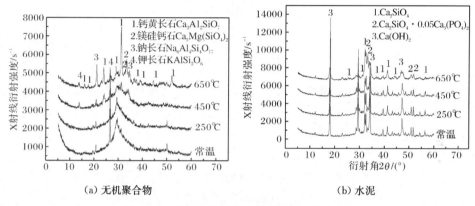

图 3.14　水泥和无机聚合物高温后 XRD 对比

3.4.4　抗硫酸盐侵蚀

对硅酸盐水泥硫酸盐侵蚀的研究已很成熟,而对无机聚合物胶凝材料的抗硫酸盐侵蚀研究还较少。由于无机聚合物胶凝材料的成分与硅酸盐水泥差别很大,因此它们的侵蚀机理不同。硫酸钠本身就是矿粉的一种激发剂,将无机聚合物胶砂浸泡在硫酸钠溶液中,未水化的矿粉微粒在硫酸钠的激发作用下分解,生成无定形 C-S-H(Ⅰ)凝胶和沸石类物质,并有少量的钙矾石生成。这些水化产物使无机聚合物水泥石结构更加完善和致密,因此会导致无机聚合物混凝土强度增大,质量增加,使无机聚合物胶凝材料具有更强的抗硫酸盐侵蚀性能。

郑娟荣等[49]对比硅酸盐水泥研究了无机聚合物胶凝材料的抗硫酸盐侵蚀性能,结果表明:

(1)砂浆试块经干湿循环试验后,无机聚合物胶凝材料的抗折腐蚀系数和抗压腐蚀系数要高于普通硅酸盐水泥,即无机聚合物胶凝材料的抗硫酸盐腐蚀性优于普通硅酸盐水泥。

(2)无机聚合物胶砂浸泡在 5%的硫酸钠溶液中,主要是环境中硫酸钠溶液进入砂浆空隙中,使盐结晶产生体积膨胀而破坏,而普通硅酸盐水泥砂浆主要是由于生成膨胀性产物石膏和硫酸钠盐结晶而破坏。

(3)无机聚合物胶凝材料砂浆在硫酸盐溶液中反复干湿循环后的破坏过程是

试块从表面剥离、粉化,而普通硅酸盐水泥砂浆是从试块内部膨胀开裂。

　　表面状态的好坏对无机聚合物胶凝材料的耐久性能至关重要,无论冻融、硫酸盐侵蚀还是耐酸侵蚀其破坏均表现为表面的粉化和剥落。所以,对材料的早期养护极为重要。

3.5　体积稳定性

1. 无机聚合物浆体的化学收缩

　　Melo 等[50]报道无机聚合物胶凝材料的化学收缩为$(12\sim14)$mL/100g,远大于硅酸盐水泥的$(6\sim10)$mL/100g,但未说明此无机聚合物化学收缩的原因。郑娟荣等[51]对无机聚合物矿粉和无机聚合物粉煤灰胶凝材料与水-水泥体系的化学收缩或膨胀进行了对比研究,结果表明,在室温(20 ± 1)℃下,水-水泥体系的化学收缩最大,无机聚合物粉煤灰体胶凝材料次之,无机聚合物矿粉体系的化学收缩最小。Fang 等[52]的研究结果也表明,以水玻璃为激发剂的无机聚合物胶凝材料的化学收缩小于硅酸盐水泥,而一定掺量范围内粉煤灰可降低无机聚合物胶凝材料的化学收缩。已有研究表明,无机聚合物水泥的水化程度比同龄期硅酸盐水泥的水化程度低,这可能是无机聚合物水泥同龄期的化学收缩小于硅酸盐水泥的主要原因之一。

2. 无机聚合物浆体的自生收缩

　　一般地讲,化学收缩越大,自干燥引起的毛细管压力越大,自生收缩越大。但自生收缩还与硬化浆体组成、孔结构和刚度或变形性能有关。在相同化学收缩的情况下,平均孔径越小,自干燥引起的毛细管压力越大,自生收缩越大。硬化浆体的刚度大或变形性小,则自生收缩小。

　　对于无机聚合物水泥浆体的自生收缩,目前仅有很少的研究报道。Cincotto 等[53]和 Melo 等[50]的研究表明,无机聚合物的自生收缩远大于高早强硅酸盐水泥,用模数为 1.7 的硅酸钠作激发剂,掺入量(以 Na_2O 计,下同)为矿粉质量 4.5%,制备的无机聚合物水泥 21d 自生收缩值比高早强硅酸盐水泥高 4.5 倍。硅酸钠掺量越大,自生收缩越大。而用 NaOH 作为激发剂时无机聚合物的自生收缩要比用硅酸钠作为激发剂时无机聚合物的自生收缩小得多,NaOH 掺量为 5%的试件的 21d 自生收缩值,仅为掺量为 4%的硅酸钠试件的 1/10 左右,112d 的自生收缩,也仅为同龄期掺量为 4%的硅酸钠试件的 1/5.5 左右,因此自生收缩的大小应该与硅凝胶的含量有关。

3. 无机聚合物浆体的干燥收缩

无机聚合物胶凝材料硬化浆体的干缩机理与硅酸盐水泥硬化浆体相同。大量研究表明,无机聚合物浆体的干燥收缩远大于硅酸盐水泥硬化浆体的收缩,尽管也有极少的研究者得到相反的结果。Darko 等[54]研究了水玻璃和硅酸钠作为激发剂时无机聚合物的干燥收缩,结果表明,无机聚合物的干燥收缩比硅酸盐水泥高数倍。当用水玻璃为激发剂时,水玻璃的模数越高,无机聚合物水泥浆体的收缩越大。Melo 等[50]研究得出,无机聚合物干燥收缩主要在水化早期发生,并且随着激发剂掺量增加,收缩增大。

无机聚合物的收缩大小还与所用碱性激发剂的种类有关。Atis 等[55]对水玻璃、硅酸钠和碳酸钠作为激发剂的无机聚合物和硅酸盐水泥胶砂试件的干燥收缩进行了对比研究,试件的水泥(矿粉)、砂、水的质量比为 1 : 2.75 : 0.5,水玻璃模数为 0.75～1.50,激发剂掺量为矿粉质量的 4%～8%。结果表明,用水玻璃为激发剂的胶砂试件的收缩最大,且水玻璃模数越大,试件收缩越大;用模数为 1.50 的水玻璃作为激发剂,掺量为矿粉质量的 4% 的试件各龄期收缩值为同龄期硅酸盐水泥胶砂试件的 6 倍以上;用硅酸钠作激发剂时,试件收缩值约为硅酸盐水泥胶砂试件的 3 倍,而用碳酸钠作为激发剂的试件收缩值与硅酸盐水泥胶砂试件相当,但用碳酸钠作为激发剂试件的抗压强度不及同条件(同 Na_2O 掺量)水玻璃激发的无机聚合物水泥胶砂试件的二分之一。

第 4 章　快凝早强无机聚合物混凝土性能

无机聚合物混凝土作为一种新型材料,与普通混凝土有很强的参照和可比性。目前对混凝土的研究已经非常丰富和深入,建立了完整的检测试验标准体系。参照普通混凝土基本性能的试验研究方法,本章涵盖了无机聚合物混凝土工作性、力学性能及耐久性能三方面的主要指标。

4.1　混凝土配制

4.1.1　混凝土定义

无机聚合物混凝土是由无机聚合物胶凝材料、粗细骨料、水及适量的外掺材料按适当比例构成的工程复合材料。快凝早强无机聚合物混凝土分为两大类:抢建无机聚合物混凝土和抢修无机聚合物混凝土(分别简称为抢建混凝土、抢修混凝土)。抢修混凝土成型 4h 即可进行飞机起降,抢建混凝土成型 7d 即可交付使用。如未特殊说明,以下混凝土均为无机聚合物混凝土。

4.1.2　设计指标

1) 工作性指标

为了方便施工,加快施工进度,将无机聚合物混凝土设计为自密实混凝土,坍落度不低于 160mm。

2) 强度指标

(1) 混凝土强度是决定道面结构承载能力、耐久性和面层厚度的关键因素。为提高承载能力,增强耐久性,在配合比设计中,必须有一定的强度储备,以保证混凝土结构在设计使用年限内,不至于因强度不足而产生劣化破坏。

(2) 抢建混凝土的设计抗折强度为 7d 不低于 5.0MPa,抢修混凝土的设计抗折强度为 4h 不低于 3.0MPa,因两者设计方法相同,下面均以抢建混凝土为例论述。

3) 凝结时间指标

抢建混凝土的初凝时间为 40~60min,终凝时间不小于 120min;抢修混凝土的初凝时间为 20~40min,终凝时间不小于 60min。

　4）耐久性指标

　　抢建混凝土抗冻性指标为 F300 以上。

4.1.3　原材料

　（1）胶凝材料。胶凝材料目前有液态和固态两类。液态胶凝材料为液态碱性激发剂与矿渣微粉复合而成。固态胶凝材料按凝结时间和强度发展性能分为两种类型：Ⅰ型和Ⅱ型。Ⅰ型用于配制抢修混凝土，Ⅱ型用于配制抢建混凝土。Ⅰ型无机聚合物胶凝材料以 4h 抗折强度定为 3.5MPa 和 4.0MPa 两个等级；Ⅱ型无机聚合物胶凝材料以 3d 抗折强度分为 5.5MPa、6.5MPa 和 7.5MPa 三个等级。本章采用了两种胶凝材料：①液态胶凝材料；②固态胶凝材料，复合胶凝材料Ⅱ型7.5 级。

　（2）骨料。细骨料主要在无机聚合物混凝土中起填充作用，并在粗集料与胶凝材料的界面起润滑作用，宜选用级配合格的中粗砂。粗骨料宜选用粒径 5～20mm、20～40mm 二级配碎石。

　（3）水。符合水泥混凝土用水标准。

4.1.4　设计方法

　1）确定混凝土配制抗折强度 $f_{f配}$

$$f_{f配} = f_{f设} + 1.645\sigma \tag{4.1}$$

式中，$f_{f配}$ 为道面混凝土的配制抗折强度，MPa；$f_{f设}$ 为道面混凝土的设计抗折强度，MPa；σ 为施工单位混凝土抗折强度标准差，MPa。

　2）确定溶胶比或水胶比

　　根据配制强度选择：

　（1）对于液态胶凝材料配制的无机胶凝材料道面混凝土，溶胶比宜选为0.56～0.58。

　（2）对于固态胶凝材料配制的无机胶凝材料道面混凝土，水胶比宜选为0.32～0.34。

　3）确定单位胶凝材料用量与用水量

　　通过大量试验，在坍落度 160mm 左右时：

　（1）对于液态胶凝材料配制的无机聚合物道面混凝土，矿粉用量选为400kg/m³。根据选定的溶胶比算出液态激发剂材料用量。

　（2）对于固态胶凝材料配制的无机聚合物道面混凝土，胶凝材料用量选为400kg/m³。根据选定的水胶比求出单位用水量。

　4）确定砂率，计算砂、石用量

　　计算砂石绝对体积比：

$$K = \frac{\rho_{os}}{\rho_{og}} \times \frac{\rho_g}{\rho_s} \times V_o \times \alpha \tag{4.2}$$

体积砂率:

$$S_p = \frac{K}{1+K} \tag{4.3}$$

砂石绝对总体积:

$$V_{总} = 1000 - \frac{m_c}{\rho_c} - \frac{m_w}{\rho_w} - 10\alpha_o \tag{4.4}$$

式中,K 为砂石绝对体积比;S_p 为体积砂率;ρ_{os} 为砂的堆积密度,kg/L;ρ_s 为砂的表观密度,kg/L;ρ_{og} 为石子的堆积密度,kg/L;ρ_g 为石子的表观密度,kg/L;ρ_c 为液态胶凝材料中矿粉的表观密度或固态胶凝材料中胶凝材料的表观密度;ρ_w 为液态胶凝材料中激发剂的表观密度、固态胶凝材料中水的表观密度;m_c 为液态胶凝材料中 1m³ 混凝土中矿粉质量、固态胶凝材料中 1m³ 混凝土中胶凝材料质量;m_w 为液态胶凝材料中 1m³ 混凝土中液态激发剂质量、固态胶凝材料中 1m³ 混凝土中水的质量;V_o 为石子的空隙率;α 为拨开系数,取 1.1~1.3;α_o 为混凝土中含气百分数。

根据砂率分别计算出砂石体积,再根据砂石表观密度算出砂石用量。

5) 试拌调整

无论采用何种配合比设计方法都应该试拌调整,目的是检验计算出的配合比流动性与强度是否满足设计要求,通过此项操作,对胶凝材料用量、溶胶(水胶)比和砂率等进行优选,以达到最优的、与实际相符的要求。道面混凝土配合比的试拌调整包含工作性与抗折强度检验两项。

工作性的调整可在计算砂率附近选择几个不同的砂率,然后分别拌制混凝土拌和物,测定其坍落度,同时观察黏聚性和保水性,如流动性仍然偏小,则保持水胶比不变,适当增加胶凝材料用量。

抗折强度检验是对满足工作性要求的拌和物,测定其 7d 的抗折强度。一般应同时选用三个不同的水胶比,增减 0.03,进行混凝土抗折强度检验,选择符合抗折强度设计要求的配合比。

4.2　混凝土工作性

混凝土工作性对保证混凝土达到设计强度和耐久性能有重要意义。它不仅关系到施工的难易和速度,而且关系到工程的质量和经济性。混凝土拌和物的工作性是一项综合的技术性质,其包括流动性、黏聚性、保水性三方面的含义。常用的测试方法有坍落度、维勃稠度、密实度、流动度等。机场道面混凝土一般采用干硬性混凝土,其流动性指标要求维勃稠度为 15~30s。无机聚合物道面混凝土需要快速铺筑,因此采用自密实混凝土,流动性指标选择坍落度为 160mm 以上。

4.2.1　矿粉用量对混凝土工作性的影响

对于采用液态激发剂的无机聚合物胶凝材料,矿粉用量对道面混凝土的坍落度有很大的影响,如图 4.1 所示。在相同溶胶比条件下,随着矿粉用量的增加,混凝土坍落度随之增加。这是由于胶凝材料用量增大,混凝土拌和物在保持溶胶比不变的情况下,包裹在集料颗粒表面的浆层越厚,润滑作用越好,使集料间摩擦阻力减小,混凝土拌和物流动性增加。但矿粉用量不足 400kg/m³ 时,即使溶胶比很大(0.58),坍落度还是无法达到坍落度指标 160mm;矿粉用量≥400kg/m³ 时,当溶胶比≥0.56 时,坍落度均能达到 160mm 以上。由此可见,要达到坍落度 160mm 以上的指标,矿粉用量存在一个最小值,即 400kg/m³。

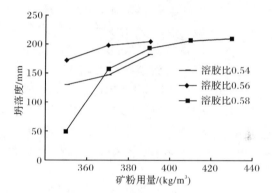

图 4.1　矿粉用量对无机聚合物道面混凝土坍落度的影响

4.2.2　溶胶比对混凝土工作性的影响

对于采用液态激发剂的无机聚合物胶凝材料,在相同矿粉用量条件下,道面混凝土坍落度随着溶胶比的增加而增加,如图 4.2 所示。混凝土坍落度取决于单位体积混凝土的溶液用量(体现了用水量的多少),这符合混凝土配合比设计中的需水性定则。但当溶胶比为 0.54 时,矿粉用量即使增加到 400kg/m³、420kg/m³,坍落度仍无法达到坍落度指标 160mm,只有当矿粉多达 440kg/m³ 时,才能满足要求。因此,本着尽量减少胶凝材料体积的原则,为满足工作性要求,无机聚合物道面混凝土溶胶比不低于 0.56。

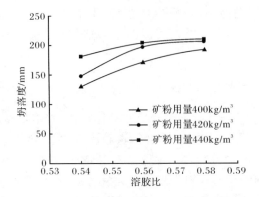

图 4.2　溶胶比对无机聚合物道面混凝土坍落度的影响

4.2.3　水胶比、胶凝材料用量和砂率对混凝土工作性的影响及其交互作用

对于固态胶凝材料配制的无机聚合物混凝土各因素对工作性影响规律,采用响应曲面法(response surface methodology)分析,混凝土配合比见表 4.3。以水胶比、胶凝材料用量、砂率三因素为自变量,坍落度为响应值,对三因素对坍落度的影响及其交互作用进行分析,其三维响应曲面如图 4.3~图 4.5 所示。

从图 4.3~图 4.5 可以看出:三因素对无机聚合物混凝土的坍落度影响显著程度依次为胶凝材料用量>砂率>水胶比,在三维响应面上表现为曲线陡峭程度依次减弱渐趋平缓,从试验过程看也是如此。这并不是说水胶比对无机聚合物混凝土的坍落度没有影响,只是影响没有前二者明显,这与水泥混凝土是不同的。

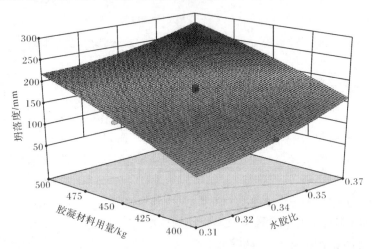

图 4.3　水胶比、胶凝材料用量及其交互作用对坍落度影响的三维响应曲面

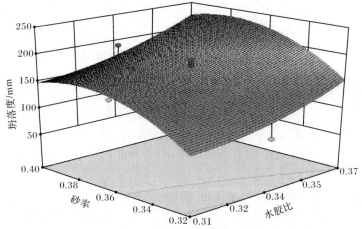

图 4.4　水胶比、砂率及其交互作用对坍落度影响的三维响应曲面

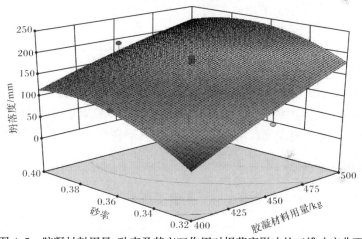

图 4.5　胶凝材料用量、砂率及其交互作用对坍落度影响的三维响应曲面

4.2.4　其他因素对工作性的影响

1. 矿粉

无机聚合物混凝土中所用的胶凝材料主要为各种矿粉,由于其细度、结构、形貌的不同对混凝土工作性的影响也不同。混凝土工作性随着矿粉细度的增加而降低,当加入部分超细粉煤灰后,其微集料和形态效应使得无机聚合物混凝土工作性提高,坍落度损失降低。

2. 砂率

胶结浆体的稠度和数量确定后,砂率便成为影响新拌混凝土工作度的重要因素。因砂率变动会使骨料的空隙度和表面积发生变化,其对无机聚合物混凝土的影响与水泥混凝土相似。

3. 集料

砂、石等集料在混凝土中用量最大,其特性对拌和物工作性的影响也比较大。集料的特性一般指它的品种、级配、颗粒的粗细及表面性状等,集料对无机聚合物混凝土的影响与水泥混凝土相似。

4. 拌和物存放时间及环境温度

混凝土拌和物随时间的延长会变得干硬,坍落度将逐渐减小,这是由于拌和物中的一些水分被集料所吸收,另一部分水分在太阳或风的作用下蒸发,以及反应也需要水分参与进行而造成的。混凝土拌和物的工作性还受温度的影响,随着环境温度的升高,混凝土的坍落度损失得更快,这是由于此时的水分蒸发及胶凝材料的化学反应进行得更快。

4.3　混凝土力学性能

道面混凝土结构中,材料处于复杂的受力状态。针对最常见的受压性能、弯拉性能、弯拉疲劳性能及浇筑成型的道面板中长期强度进行了试验研究。

4.3.1　混凝土配合比

1. 液态胶凝材料配制无机聚合物混凝土配合比

选取 3 个溶胶比 0.54、0.56、0.58 和 5 个矿粉用量 360kg/m³、380kg/m³、400kg/m³、420kg/m³、440kg/m³ 确定无机聚合物混凝土配合比,编号 QJ1～QJ11,见表 4.1。普通水泥道面混凝土试验配合比见表 4.2。

表 4.1　无机聚合物混凝土配合比

编号	矿粉用量/(kg/m³)	激发剂/(kg/m³)	砂率/%	溶胶比
QJ1		255.2	34	0.58
QJ2	440	246.4	34	0.56
QJ3		237.6	34	0.54
QJ4		243.6	34	0.58
QJ5	420	235.2	34	0.56
QJ6		226.8	34	0.54

续表

编号	矿粉用量/(kg/m³)	激发剂/(kg/m³)	砂率/%	溶胶比
QJ7		232.0	34	0.58
QJ8	400	224.0	34	0.56
QJ9		216.0	34	0.54
QJ10	380	220.4	34	0.58
QJ11	360	208.8	34	0.58

表4.2 普通水泥道面混凝土试验配合比

编号	水泥/(kg/m³)	水/(kg/m³)	砂率/%	水胶比
P	330	141.9	32	0.43

2. 固态胶凝材料配制无机聚合物混凝土配合比

选取 3 个水胶比 0.31、0.34、0.37 和 3 个胶凝材料用量 400kg/m³、450kg/m³、500kg/m³ 确定混凝土配合比，编号 1～20，见表 4.3。

表4.3 无机聚合物混凝土配合比

编号	水胶比	胶凝材料用量/(kg/cm³)	砂率
1	0.31	400	0.32
2	0.37	400	0.32
3	0.31	500	0.32
4	0.37	500	0.32
5	0.31	400	0.40
6	0.37	400	0.40
7	0.31	500	0.40
8	0.37	500	0.40
9	0.31	450	0.36
10	0.37	450	0.36
11	0.34	400	0.36
12	0.34	500	0.36
13	0.34	450	0.32
14	0.34	450	0.40
15	0.34	450	0.36
16	0.34	450	0.36

续表

编号	水胶比	胶凝材料用量/(kg/cm³)	砂率
17	0.34	450	0.36
18	0.34	450	0.36
19	0.34	450	0.36
20	0.34	450	0.36

4.3.2　弯拉强度

无机聚合物混凝土用于机场道面时,可用弯拉强度评价材料性能。《公路工程水泥及水泥混凝土试验规程》(JTG E30—2005)中的弯拉强度试验方法与《普通混凝土力学性能试验方法标准》(GB/T 50081—2002)相同,国标将该指标称为抗折强度。

弯拉试验试件的尺寸为100mm×100mm×400mm。混凝土力学试验结果见表4.4。

表4.4　混凝土抗折强度试验结果　　　　　　　　　　(单位:MPa)

编号		QJ1	QJ2	QJ3	QJ4	QJ5	QJ6	QJ7	QJ8	QJ9	QJ10	QJ11	P
抗折强度	7d	6.69	6.80	7.02	7.03	7.14	7.70	7.08	7.26	7.47	7.59	7.49	5.43
	28d	6.86	7.56	7.39	7.20	7.66	8.09	7.46	8.18	8.36	8.51	8.38	6.83

由表4.4、图4.6可以看出,无机聚合物混凝土抗折强度均达到道面抗折强度设计指标,QJ10 28d抗折强度较普通水泥混凝土P提高24.6%,达8.51MPa,7d强度提高39.7%,达7.59MPa。无机聚合物混凝土的强度发展较快,7d抗折强度约为28d强度的88.8%～97.6%,远高于普通水泥混凝土P的79.5%。这说明无机聚合物混凝土无论是早期抗折强度还是后期抗折强度都远高于普通水泥混凝土。这是由于在普通水泥混凝土的水化物中,$Ca(OH)_2$生成量约占水泥石体积的12%,且富集于骨料底面形成的迁移带中,$Ca(OH)_2$无黏结力,受力时在迁移带周围形成应力集中现象,促使微裂缝宽度和长度急剧增大,直至相互连在一起,降低其抗折强度。而无机聚合物混凝土水化过程中几乎不生成$Ca(OH)_2$,因而大大增强了骨料与凝胶体的黏结力,从而显著提高抗折强度。

无机聚合物混凝土抗折强度较水泥混凝土的提高,也可以很明显地反映在二者不同的破坏形态上。无机聚合物混凝土破坏过程中首先是在试件下方即受拉区出现一条垂直向上的裂缝,随后裂缝快速扩展,最后裂缝贯穿整个试件,试件即破坏,最终破坏时试件基本从中间断成两段,断裂面发生在水泥石和集料中,粗集料大都被拉断,断面平滑,如图4.7所示。而水泥混凝土断裂面多发生在水泥石

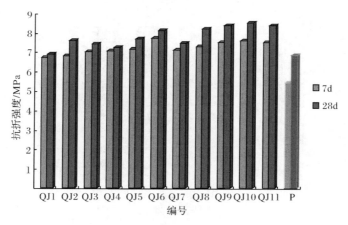

图 4.6　抗折强度试验结果

与集料的结合界面上,粗集料大都从水泥石中拔出,因而断面显得交错杂乱,如图
4.8 所示。

图 4.7　QJ 抗折破坏断面形态

图 4.8　水泥混凝土抗折破坏断面形态

4.3.3　立方体抗压强度

试件尺寸为 $150mm \times 150mm \times 150mm$,试件抗压强度试验结果见表 4.5 和
图 4.9。

表 4.5　混凝土抗压强度试验结果　　　　　（单位：MPa）

编号	QJ1	QJ2	QJ3	QJ4	QJ5	QJ6	QJ7	QJ8	QJ9	QJ10	QJ11	P
7d	80.7	80.4	81.5	77.1	79.6	83.5	79.2	80.1	83.7	83.9	84.8	35.2
28d	86.8	86.9	88.7	86.7	87.4	89.5	87.1	87.6	90.1	90.3	91.9	50.7

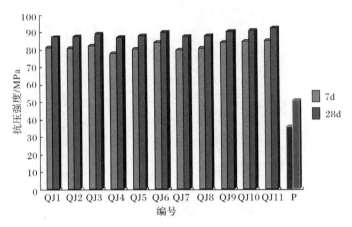

图 4.9　抗压强度试验结果

　　试验结果表明,无机聚合物混凝土的抗压强度远远大于普通水泥混凝土 P,其中,QJ11 试件 28d 抗压强度提高 81.3％,达 92MPa,7d 抗压强度提高 138.4％,达 85MPa。

　　无机聚合物混凝土的早期抗压强度发展也很迅速,7d 抗压强度为 28d 的 88.9％～93.3％,远高于普通水泥混凝土的 69.4％。

　　除强度提高外,抗压试验中两种混凝土试件的破坏断面形态上有明显的区别。无机聚合物混凝土破坏时出现一条斜裂缝贯穿试件,破坏过程较慢。峰值应力之前,内部仅出现微裂纹,稳定扩展,峰值应力后,出现可视裂缝,此后裂缝失稳扩展并贯穿,但持续时间较长,因此,最终破坏时无大的劈裂声音,破坏后试件基本裂而不散,如图 4.10 所示。水泥混凝土试件在峰值荷载后不久,出现裂缝,并迅速增宽、扩展与贯穿,试件发生脆性破坏,并伴随剧烈的劈裂声,试件部分散开或完全碎掉,如图 4.11 所示。

图 4.10　QJ 抗压破坏断面形态

图 4.11　水泥混凝土抗压破坏断面形态

两种混凝土在强度与破坏形态上存在差异的原因,主要是水泥石与集料的黏结强度远低于碱矿粉胶凝材料与集料的黏结强度,使混凝土中薄弱区域增多,从而导致了水泥混凝土总体强度的降低。

4.3.4　弹性模量

静力受压弹性模量试验试件尺寸为 150mm×150mm×300mm。对液态和固态的激发剂配制的无机聚合物混凝土各制作 6 个试件:3 个用于测定轴心抗压强度,作为弹性模量试验的加荷标准;3 个用于弹性模量试验。试验结果见表 4.6。

表 4.6　试件弹性模量和泊松比

类型	抗压强度/MPa	弹性模量/10^4MPa	泊松比
液态激发	56.7	3.17	0.257
固态激发	46.3	3.59	0.236

4.3.5　单轴抗压应力-应变关系

通过对立方体(试件尺寸为 150mm×150mm×150mm)进行单轴抗压全曲线试验,拟合无机聚合物混凝土应力-应变全曲线。本项试验采用等应变试验方法控制加载,加载应变速率保持为 $300\mu\varepsilon/\text{min}$。随着荷载继续增加,试件受力和变形转为承受力减小而变形增大,试件已进入下降段,控制试验机的加载速率,直至加荷到试件的外力位移关系趋于收敛稳定试验结束。

无机聚合物混凝土单轴受压应力-应变值见表 4.7。

表 4.7　试件应力-应变值

P		QJ9-1		QJ9-2		QJ9-3	
应变	应力/MPa	应变	应力/MPa	应变	应力/MPa	应变	应力/MPa
0.0001	3.5	0.0001	3.2	0.0001	3.2	0.0001	3.2
0.0003	10.0	0.0003	8.5	0.0003	9.5	0.0003	7.0
0.0006	18.4	0.0006	14.5	0.0006	16.0	0.0006	13.1
0.0011	28.7	0.0013	25.5	0.0013	27.0	0.0011	20.5
0.0016	34.6	0.0018	31.0	0.0017	31.5	0.0016	27.0
0.0020	36.0	0.0022	34.8	0.0021	35.6	0.0020	31.0
0.0033	36.0	0.0024	35.9	0.0024	37.2	0.0022	33.0

P		QJ9-1		QJ9-2		QJ9-3	
应变	应力/MPa	应变	应力/MPa	应变	应力/MPa	应变	应力/MPa
—	—	0.0026	36.3	0.0028	35.8	0.0026	35.2
—	—	0.0028	36.1	0.0035	30.5	0.0027	35.8
—	—	0.0033	33.2	0.0041	21.0	0.0034	30.6
—	—	0.0039	25.0	0.0045	17.0	0.004	23.0
—	—	0.0042	22.0	0.005	13.0	0.0048	16.3
—	—	0.0052	16.3	—	—	0.0054	13.6
—	—	0.0059	12.5	—	—	0.0059	11.5
—	—	0.0062	10.9	—	—	0.0064	10.0

根据表 4.7 结果,绘制无机聚合物混凝土的单轴受压应力-应变曲线,如图 4.12 所示。

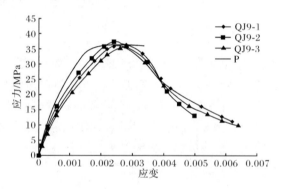

图 4.12　试件单轴受压应力-应变曲线

从图 4.12 中可见,无机聚合物混凝土的单轴受压应力-应变曲线与普通混凝土具有相似的规律,强度等级相同时的无机聚合物混凝土的应力峰值对应的应变比普通混凝土大。而且无机聚合物混凝土应力-应变曲线有明显的下降段。

混凝土受压应力-应变全曲线(本构关系)是研究和分析混凝土结构和构件受力性能的主要依据,为此需要建立相应的数学(本构)模型。将各试件的实测应力-应变全曲线采用无量纲坐标表示:

$$x = \frac{\varepsilon}{\varepsilon_c}, \quad y = \frac{\sigma}{\sigma_c} \tag{4.5}$$

过镇海等在混凝土本构关系的研究中进行了大量的试验和计算工作,根据上升段和下降段曲线的形状,分别用多项式和有理分式进行拟合,应力-应变标准曲线的基本方程为

$$\begin{cases} y=ax+(3-2a)x^2+(a-2)x^3, & x\leqslant 1 \\ y=\dfrac{x}{b(x-1)^2+x}, & x\geqslant 1 \end{cases} \qquad (4.6)$$

式中，a、b 为待定常数。

采用式(4.6)模拟无机聚合物混凝土的应力-应变曲线本构关系，解得 $a=$ 2.3，$b=2.7$。由此构造应力-应变曲线，将拟合曲线和实测曲线进行对比（图 4.13）。

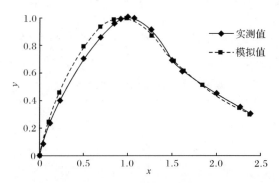

图 4.13　无机聚合物混凝土数值拟合和实测应力-应变曲线

从图 4.13 可以看出，数值拟合曲线与实测单轴受压应力-应变曲线吻合得较好，可用于分析无机聚合物混凝土的本构关系。

4.3.6　弯拉疲劳性能

大量的公路、铁路桥梁和市政道路结构，其破坏原因不是单纯的强度问题，还包括长期疲劳荷载引起的疲劳破坏。弯曲疲劳试件尺寸为 100mm×100mm×400mm。本节对无机聚合物混凝土和普通混凝土试件的疲劳性能进行了对比试验研究，以探讨无机聚合物混凝土的疲劳强度概率分布特征，研究指定失效概念和应力强度比下的疲劳寿命，为指导抗疲劳设计提供依据。

1. 加载参数

1）弯拉极限荷载

弯拉极限荷载试验结果见表 4.8。

表 4.8　弯拉极限荷载试验结果

类型	QJ9	P
弯拉极限荷载/kN	16.61	20.62

2) 荷载循环特征值

$$\rho = P_{min}/P_{max} \tag{4.7}$$

式中,ρ 为荷载循环特征值,取 0.1;P_{min}、P_{max} 分别为循环荷载中作用在试件上的最小荷载和最大荷载,kN。

3) 应力比

$$s = f_{ftm}^f / f_{ftm} \tag{4.8}$$

式中,s 为混凝土应力比;f_{ftm}^f、f_{ftm} 分别为混凝土弯拉疲劳应力、弯拉强度。

4) 荷载作用频率

当应力比 $s \geqslant 0.8$ 时,频率取 5Hz;当应力比 $s < 0.8$ 时,频率取 10Hz。试验加载应力水平及频率见表 4.9。

表 4.9　试验加载应力水平及频率

应力水平	频率/Hz	QJ9		P	
		P_{max}/kN	P_{min}/kN	P_{max}/kN	P_{min}/kN
0.75	10	12.46	1.25	15.47	1.55
0.80	5	13.29	1.33	16.50	1.65
0.85	5	14.12	1.41	17.53	1.75

2. 疲劳寿命

无机聚合物混凝土试件的疲劳寿命试验结果见表 4.10。

表 4.10　无机聚合物混凝土试件的疲劳寿命试验结果

$s=0.75,10Hz$		$s=0.80,5Hz$		$s=0.85,5Hz$	
编号	次数	编号	次数	编号	次数
QJ9-1	40110	QJ9-5	7705	QJ9-9	189
QJ9-2	83466	QJ9-6	8690	QJ9-10	624
QJ9-3	107797	QJ9-7	16213	QJ9-11	1007
QJ9-4	151550	QJ9-8	23330	QJ9-12	5767

由表 4.10 结果可知,在各级应力水平作用下,无机聚合物混凝土的疲劳寿命比较离散。

3. ε-N 曲线

图 4.14 是通过动态应变采集仪测得的 QJ9 试件典型 ε-N 曲线。

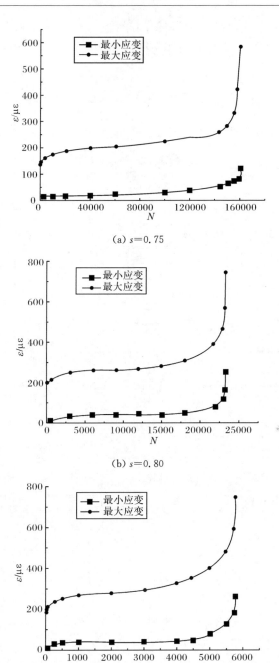

(a) $s=0.75$

(b) $s=0.80$

(c) $s=0.85$

图 4.14　试件在各应力水平下应变-疲劳寿命曲线

由图 4.14 可知,无机聚合物混凝土试件在循环作用下弯曲疲劳应变随循环次数变化的规律呈三阶段发展,即应变快速产生阶段、稳定发展阶段和加速发展阶段。

4. 疲劳寿命分析

按照 Weibull 分布理论,对 QJ9 试件的疲劳寿命分析见表 4.11。

表 4.11　疲劳寿命分析

i	N_i	$x_i = \ln N_i$	$p' = \dfrac{i}{k+1}$	$\ln\left(\ln\dfrac{1}{1-p'}\right)$	应力水平 s
1	189	5.2417	0.2	−1.4999	
2	624	6.4362	0.4	−0.6717	
3	1007	6.9147	0.6	−0.0874	0.85
4	5767	8.6599	0.8	0.4759	
1	7705	8.9496	0.2	−1.4999	
2	8690	9.0699	0.4	−0.6717	
3	16213	9.6936	0.6	−0.0874	0.80
4	23330	10.0575	0.8	0.4759	
1	40110	10.5994	0.2	−1.4999	
2	83466	11.3322	0.4	−0.6717	
3	107797	11.5880	0.6	−0.0874	0.75
4	151550	11.9287	0.8	0.4759	

分别以 $x_i = \ln N_i$ 为横坐标,$y = \ln(\ln(1/p))$ 为纵坐标,对表 4.11 的检验结果进行线性回归,其结果如图 4.15 和表 4.12 所示。

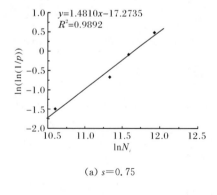

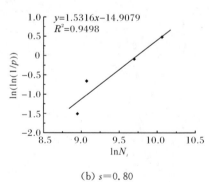

(a) $s = 0.75$　　　　　　　　　　　(b) $s = 0.80$

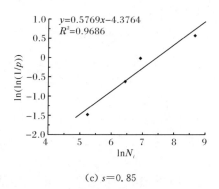

(c) $s=0.85$

图 4.15　疲劳寿命 Weibull 分布拟合

表 4.12　回归结果

类型	应力水平	回归系数 b	回归系数 a	相关系数 R	$N_a=e^{a/b}$
	0.85	0.5769	4.3764	0.9686	1971
QJ9	0.80	1.5316	14.9079	0.9498	16874
	0.75	1.4810	17.2735	0.9892	116239

　　由图 4.15 可知，$\ln(\ln(1/p))$ 和 $\ln N$ 在各级应力水平下都呈现良好的线性关系，表明无机聚合物混凝土疲劳寿命均服从两参数 Weibull 分布。现将各应力水平下的不同数据组在 Weibull 分布下的相关系数列出，结果见表 4.12，相关系数都接近于 1，这说明两参数 Weibull 分布可以用来描述混凝土的疲劳寿命。

5. 疲劳方程

1) 不同失效概率下的疲劳寿命

疲劳寿命的计算公式为

$$N=N_a\left|\ln(1-p')\right|^{\frac{1}{b}} \tag{4.9}$$

由式(4.9)可获得不同失效概率下的疲劳寿命。计算结果见表 4.13。

表 4.13　不同失效概率下的疲劳寿命　　　　　　　　（单位:次）

类型	应力水平	p'					
		0.05	0.1	0.2	0.3	0.4	0.5
	0.85	11	40	146	330	615	1044
QJ9	0.80	2427	3883	6337	8608	10883	13283
	0.75	15644	25436	42219	57948	73854	90756

2) 不同失效概率下的双对数疲劳方程

实际工程中往往根据可靠度要求建立具有一定存活率 p-s-N 疲劳方程:单对数疲劳方程 s-$\lg N$ 和双对数疲劳方程 $\lg s$-$\lg N$。由于单对数疲劳方程不能满足疲劳方程的边界条件,工程中常用双对数疲劳方程来分析。

$$\lg s = \lg a - b \lg N \tag{4.10}$$

将表 4.13 的数据按式(4.10)进行变量变换,然后进行回归,分别得到试件在不同失效概率下的回归曲线方程。结果表明,Weibull 分布下的相关系数都大于 0.9,表明双对数疲劳方程的线性要求得到了较好的满足。研究成果表明,无机聚合物混凝土与普通混凝土具有类似的疲劳规律。实际工程中根据可靠度要求确定了存活率 p 后,可通过前述过程,获得相应的疲劳方程。

当存活率 $p=0.5$ 时,疲劳方程为

$$\lg s = 0.0147 - 0.0278 \lg N \tag{4.11}$$

4.3.7　室外道面板长期强度试验

1. 试验材料及主要器材

粉煤灰:武汉青山电厂生产的二级粉煤灰,其化学成分(质量分数)见表 4.14。

矿粉:武钢 S95 矿粉,密度大于 2.8g/cm^3,活性指数 28d 大于 95%,其化学成分(质量分数)见表 4.15。

碱激发剂:氢氧化钠溶液和水玻璃的混合物。

粗骨料:粒径 5~26.5mm 连续级配细石。

细骨料:中粗砂,细度模数为 2.8。

水:清洁自来水。

移动式搅拌机:容量 350L。

插入式振捣器:功率 1.5W,1 台。

表 4.14　粉煤灰的化学成分　　　　　　　　(单位:%)

SiO_2	Al_2O_3	Fe_2O_3	CaO	MgO	Na_2O	K_2O
50.8	28.1	6.2	3.7	1.2	1.2	0.6

表 4.15　矿粉的化学成分　　　　　　　　(单位:%)

SiO_2	Al_2O_3	CaO	其他
46.56	11.96	32.7	8.78

2. 混凝土配合比

本试验中无机聚合物混凝土配合比见表 4.16。

表 4.16　无机聚合物混凝土配合比　　　　（单位:kg/m³）

矿粉	粉煤灰	碱激发剂	砂	石
200	200	180	615	1262

3. 道面板制作及养护

在现场制作一块尺寸为 4400mm×4000mm×250mm 的无机聚合物混凝土道面板。拌制混凝土时,按照无机聚合物混凝土配合比在移动式搅拌机中拌制混凝土,投料顺序:石子、砂、10%激发剂(搅拌 30s)→矿粉、粉煤灰(搅拌 30s)→加剩下的激发剂(搅拌 60s)→卸料浇筑。振捣完成后用刮刀收浆、抹面。

使用土工毡覆盖在浇筑完成的道面板上进行保湿养护并及时向道面板表面洒水,从而保持道面板表层始终处于潮湿状态,并控制和遵守每天的洒水次数;在道面板养护初期,严禁人通行。

4. 试验方法

按《钻芯法检测混凝土强度技术规程》(CECS03:2007)的要求,无机聚合物混凝土芯样由无机聚合物混凝土道面板上钻芯取样得到,分别取 1d、3d、7d、28d、60d、90d、180d 和 210d 不同龄期的芯样(φ100mm×100mm)进行试验研究,试验装置如图 4.16 所示。

图 4.16　芯样抗压试验

5. 芯样破坏特征

在试验过程中无机聚合物混凝土芯样侧壁首先形成几条细小裂缝,随荷载的增加,部分细小裂缝扩展,逐渐上下贯通,形成破坏裂缝。芯样发生破坏前会产生嘈杂和撕裂的声音,伴随着荷载的进一步施加,芯样在发出一声沉闷的声响后最终破坏。破坏后没有碎块迸射出来,整体形状基本保持原来的完整性,出现许多裂纹和局部脱落现象,呈现出一定的塑性破坏形态。

由图 4.17 可知,无机聚合物混凝土试件破坏后裂纹均匀地分布在侧壁,且主要破坏裂缝上下贯通;侧面出现少许的脱落,从脱落面可看出是由粗骨料断裂所致;试件未出现明显崩裂现象,表现出良好的整体性;说明以粉煤灰和矿粉为主要原料,加入激发剂后形成的胶凝材料的黏结性能良好。

图 4.17　无机聚合物混凝土抗压试验破坏形态

6. 试验结果与分析

无机聚合物混凝土芯样抗压强度按式(4.12)计算:

$$f_{cu} = \frac{4F}{\pi d^2} \tag{4.12}$$

式中,f_{cu} 为混凝土芯样抗压强度,MPa;F 为极限荷载,kN;d 为试件直径,mm。

无机聚合物混凝土芯样抗压强度试验结果见表 4.17、图 4.18。

表 4.17　不同龄期无机聚合物混凝土抗压强度试验结果

龄期/d	极限荷载/kN	抗压强度/MPa
1	190.9	24.3
3	273.3	34.8
7	347.1	44.2
28	421.7	53.7
60	424.7	54.1
90	427.8	54.5
180	427.0	54.4
210	429.4	54.7

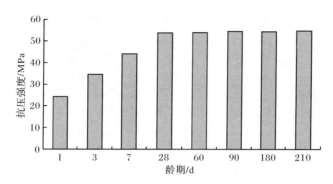

图 4.18　不同龄期抗压强度结果

通过对表 4.17 和图 4.18 中试验数据的分析可得出以下结论：

（1）自然条件养护下，无机聚合物混凝土道面板 28d 强度满足道面板设计强度要求。

（2）芯样的抗压强度从总体上看是早强增长快，芯样在龄期 1d、3d、7d 的抗压强度分别达到 28d 强度的 45.2%、64.8%、82.3%，表明前期抗压强度增长幅度非常大，同时增长速率逐步减小；而芯样在养护龄期 28d 后的抗压强度基本无增长，其 60d、90d、180d 和 210d 的强度增长速率均低于 1%，表明其强度发展稳定，后期性能平稳。

4.4　耐久性能

道面混凝土的耐久性能对设施的维护强度和维护成本有着巨大的影响。无机聚合物混凝土的耐久性能研究参照《普通混凝土长期性能与耐久性能试验方法标准》（GB/T 50082—2009）规定进行。

4.4.1　抗冻性能

道面混凝土的抗冻性是反应混凝土耐久性的重要指标之一，特别是在北方寒冷天气条件下的工程，提高抗冻性是急需解决的问题。饱水的状态下混凝土经受多次冻融循环后一般会被破坏，且强度也会严重降低。一般用冻融循环后的混凝土密实度和模量来反映它的破坏程度。试验采用快冻法，试件尺寸为 100mm×100mm×400mm。

抗冻性能试验选取五组代表性配比，同溶胶比（0.56）不同矿粉用量（440kg/m³、420kg/m³、400kg/m³）编号为 QJ2、QJ5、QJ8；同矿粉用量（400kg/m³）不同溶胶比（0.58、0.56、0.54）编号为 QJ7、QJ8、QJ9，同一组水泥混凝土，编号 P，进行对比试验，结果见表 4.18。

表 4.18　混凝土抗冻性能试验结果

编号	质量初值/kg	动弹性模量初值/GPa	次数	质量损失/%	相对动弹性模量/%	次数	质量损失/%	相对动弹性模量/%	抗冻等级	D_F
P	10.25	53.23	100	1.0	67.2	125	1.2	52.8	F100	0.18
QJ2	10.54	55.40	275	0.1	93.7	300	0.1	92.0	>F300	0.92
QJ5	10.49	55.71	275	0.4	91.4	300	0.5	90.5	>F300	0.91
QJ7	10.48	56.21	275	0.6	90.3	300	0.7	89.8	>F300	0.90
QJ8	10.63	56.44	275	0.6	91.1	300	0.6	89.9	>F300	0.90
QJ9	10.45	56.03	275	0.2	94.6	300	0.4	94.6	>F300	0.95

　　从试验结果可以看出,无机聚合物混凝土抗冻性能比普通水泥混凝土提高很多。普通水泥混凝土抗冻等级为 F100,无机聚合物混凝土抗冻等级均在 F300 以上,较之提高 200% 以上;无机聚合物混凝土的抗冻耐久性系数 D_F 为 0.90~0.95,为普通水泥混凝土的 5 倍多,且质量损失很小,完全满足严寒地区道面混凝土抗冻要求。这是因为无机聚合物混凝土不存在水泥混凝土的薄弱过渡区,细小孔比例大,结构密实,抗渗透能力强,水分渗透进去困难,混凝土不易达到冻结饱和状态;同时无机聚合物混凝土强度高,抵抗破坏能力强,且其含气量也较水泥混凝土高出许多,缓解了冻融过程中产生的冻胀压力和毛细孔水的渗透压力,这些都对抗冻性十分有利,因而无机聚合物混凝土表现出优异的抗冻性。

　　从冻融试件的表面状况看,普通水泥混凝土冻融达到 125 次以后,试件表面已经剥落比较严重,开始大面积掉渣,骨料裸露,有微小孔洞出现,如图 4.19 所示,在实际中,这样的情况是不允许出现的。而 QJ 的表观较好,在冻融循环达 300 次后,混凝土表面才开始有起皮现象,局部出现细小网状裂纹,但骨料无裸露,如图 4.20 所示。

图 4.19　冻融循环 150 次后普通水泥混凝土表面状况

图 4.20　冻融循环 300 次后无机聚合物混凝土表面状况

4.4.2　抗水渗透性能

抗水渗透性能是评价混凝土硬化后防水性能的重要指标。试件为顶面直径 175mm,底面直径 185mm,高 150mm 的锥台。抗水渗透性试验,采用逐级加压法进行,抗渗性能试验结果见表 4.19。

表 4.19　混凝土静水压力抗渗试验结果

编号	P	QJ1	QJ2	QJ3	QJ4	QJ5	QJ6	QJ7	QJ8	QJ9
压力值/MPa	1.1	4.1	4.1	4.1	4.1	4.1	4.1	4.1	4.1	4.1
渗水高度/mm	已渗水	1	0	0	0	0	0	0	0	0
抗渗标号	P10	>P40	>P40	>P40	>P40	>P40	>P40	>P40	>P40	>P40

由表 4.19 可以看出,无机聚合物混凝土抗水渗透性能比普通水泥混凝土高很多。普通水泥混凝土在压力值为 1.1MPa 时试件表面已渗水,而无机聚合物混凝土在压力值为 4.1MPa 时试件表面均无渗水,劈开试件基本观测不到渗水高度,抗渗等级均在 P40 以上。这是由于所配制的无机聚合物混凝土工作性较好,且不存在水泥混凝土的薄弱过渡区结构,孔结构优良,内部多为封闭状小孔,细小孔 $(3\sim8\times10^{-7}\,mm)$ 多达 16.6%,而硅酸盐水泥仅 3.4%,混凝土结构更为致密,故无机聚合物混凝土的抗水渗透性能优于普通水泥混凝土。研究表明,在外部环境确定的条件下,混凝土强度越高,抗水渗透性能越好,当混凝土抗压强度大于 80MPa 时,混凝土即使不引气亦有足够高的抗水渗透性能抵御水分侵入。QJ1～QJ9 的抗压强度均在 86MPa 以上,这也大大提高了无机聚合物混凝土的抗水渗透性能。

4.4.3　抗氯离子渗透性能

抗氯离子渗透性能试验采用《普通混凝土长期性能和耐久性能试验方法标

准》(GB/T 50082—2009)中的电通量法进行。试件为底面直径 100mm、高 55mm 的圆柱体。

试件的抗氯离子渗透性能试验结果见表 4.20。

表 4.20　无机聚合物混凝土氯离子渗透试验结果

编号	P	QJ1	QJ2	QJ3	QJ4	QJ5	QJ6	QJ7	QJ8	QJ9
6h 电通量©	2735	1894	1889	1876	1856	1847	1841	1773	1771	1751
氯离子渗透性	中	低	低	低	低	低	低	低	低	低

可以看出,与静水压力试验结果一致,无机聚合物混凝土抗氯离子渗性能比普通水泥混凝土高很多。无机聚合物混凝土氯离子渗透 6h 电通量为普通水泥混凝土的 64%～69%,说明其抗渗性能均较普通水泥混凝土有较大提升,可以有效阻止侵蚀介质侵入混凝土,从而明显提高道面混凝土耐久性能。

4.4.4　抗硫酸盐侵蚀性能

我国目前抗硫酸盐试验主要参考以下两种方法进行:《水泥抗硫酸盐侵蚀试验方法》(GB/T 749—2008)和《水泥抗硫酸盐侵蚀快速试验方法》(GB/T 2420—1981)。参照中国建筑科学研究院 1992 年进行的混凝土抗硫酸盐腐蚀浸泡加速试验研究成果,本试验采用"全浸泡法"。

混凝土质量损失、强度比和抗腐蚀系数按式(4.13)～式(4.15)计算。

质量损失:

$$W_s = \frac{W_b - W_h}{W_b} \qquad (4.13)$$

强度比:

$$R_s = \frac{R_b - R_h}{R_b} \qquad (4.14)$$

抗腐蚀系数:

$$K = \frac{R_2}{R_1} \qquad (4.15)$$

式中,W_b 为标养 28d 后的试件质量,kg;W_h 为浸泡 60d 后混凝土的质量,kg;W_s 为浸泡 60d 后混凝土的质量损失,%;R_b 为标养 28d 后的抗压强度,MPa;R_h 为浸泡 60d 后混凝土的抗压强度,MPa;R_s 为浸泡 60d 后混凝土的抗压强度比;R_2 为在侵蚀溶液中浸泡 60d 后的抗压强度,MPa;R_1 为在清水中浸泡 60d 后的抗压强度,MPa;K 为抗腐蚀系数,$K>0.8$ 为合格。

外观变化评定标准为:浸泡后,试件的外观基本无变化的为耐腐蚀;有粉化、起砂现象的为尚耐腐蚀;严重起砂及掉角、开裂的为不耐腐蚀。三级代号分别为 Ⅰ、Ⅱ 和 Ⅲ。

选取溶胶比为 0.56、矿粉用量分别为 440kg/m³、420kg/m³ 和 400kg/m³ 三组无机聚合物混凝土(编号为 QJ2、QJ5、QJ8)和普通水泥混凝土进行对比试验,结果见表 4.21。

表 4.21　混凝土耐腐蚀试验结果

编号	溶液	W_b/kg	W_h/kg	W_s/%	R_b/MPa	R_h/MPa	R_s/%	K	外观评定
QJ2	清水	2550	2550	0	90.3	90.7	0.44	1	I
	Na_2SO_4	2558	2559	0.04	90.0	90.4	0.44	0.99	I
QJ5	清水	2575	2577	0.08	89.7	89.7	0	1	I
	Na_2SO_4	2581	2583	0.08	89.4	89.5	0.11	0.99	I
QJ8	清水	2551	2553	0.08	88.7	89.1	0.45	1	I
	Na_2SO_4	2541	2541	0	88.3	88.6	0.34	0.99	I
P	清水	2581	2579	0.08	52.7	52.1	1.14	1	I
	Na_2SO_4	2577	2553	0.93	52.1	41.2	20.92	0.79	II

在 5% 的 Na_2SO_4 溶液中,无机聚合物混凝土试件表面看不到遭受侵蚀破坏的明显痕迹,外观变化评定为 I 级,如图 4.21 所示。质量和抗压强度不但没有降低,反而略有增长,质量的增加为腐蚀产物和腐蚀性介质留在试件内部所致,强度的增长是其随水化龄期的增加而增大的结果,抗腐蚀系数都大于 0.8,平均为 0.99,这表明其具有很好的抗硫酸盐侵蚀性能。而普通水泥混凝土的抗压强度则显著降低,强度比为 20.92%,抗腐蚀系数为 0.79,质量稍有降低,试件边、面、角都明显软化,底部出现露砂现象,外观变化评定为 II 级,如图 4.22 所示,可见它遭受硫酸盐腐蚀较为严重。

图 4.21　无机聚合物混凝土硫酸盐腐蚀
60d 后外观变化

图 4.22　普通水泥混凝土硫酸盐腐蚀
60d 后外观变化

无机聚合物混凝土之所以耐硫酸盐腐蚀,主要有以下三个原因:

(1) 结构致密,键合强,不易被腐蚀。

(2) 生成无钙体系,水化产物不会和硫酸盐反应。

(3) 聚合反应速率非常快,用于激发作用的碱迅速被消耗。

4.4.5　抗碳化性能

在一般大气环境条件下,混凝土碳化是钢筋腐蚀的重要前提。钢筋不断被腐蚀造成混凝土保护层开裂,产生沿筋裂纹和剥落,进而导致黏结力减小,钢筋受力面积减小,结构耐久性和承载力降低等一系列不良后果。因此,进行混凝土碳化研究,无论是对既有建筑物的耐久性评定及维修加固,还是对建筑物的耐久性设计均有重要的显示意义。

试验按《普通混凝土长期性能和耐久性能试验方法标准》(GB/T 50082—2009)进行。试件入模后,放置标准养护室养护 28d,试验前两天从养护室取出放置 60℃烘箱内养护 48h 后,置入温度 20℃、相对湿度 70%、二氧化碳含量 20%的碳化箱进行碳化试验。碳化 3d 后取出试件,将试件前段劈裂,采用 1%酚酞乙醇溶液喷洒劈裂面,用精度为毫米级钢尺进行测量,并将试件余下段用石蜡密封放置碳化箱继续试验。

无机聚合物混凝土碳化试验结果见表 4.22。

表 4.22　无机聚合物混凝土碳化试验结果

混凝土类型	平均碳化深度/mm			
	3d	7d	14d	28d
QJ9	9.3	15.6	20.1	34

注:平均碳化深度是指 5 个测点碳化深度的平均值。

由表 4.22 可知,试验样品混凝土抗碳化能力较弱。

4.4.6　耐磨性能

依据《混凝土及其制品耐磨性试验方法》(GB 16925—1997)规定进行,试件为150mm 的立方体。试件耐磨性能试验研究结果见表 4.23 和图 4.23。

表 4.23　混凝土耐磨性能试验结果

编号	P	QJ1	QJ2	QJ3	QJ4	QJ5	QJ6	QJ7	QJ8	QJ9
磨槽深度/mm	1.17	0.85	0.58	0.61	0.96	0.91	0.45	0.77	0.58	0.46
耐磨度	1.92	2.64	3.87	3.68	2.34	2.45	4.99	2.92	3.87	4.91

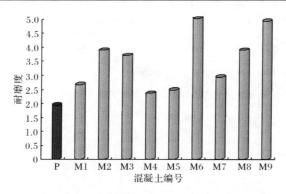

图 4.23　无机聚合物混凝土与普通水泥混凝土的耐磨度

由表 4.23、图 4.23 可以看出,无机聚合物混凝土耐磨性能远比普通水泥混凝土好,耐磨度高达 4.99,为水泥混凝土的 1.22~2.60 倍。其原因在于无机聚合物混凝土不存在普通水泥混凝土的薄弱界面结构,提高了浆体的密实度,表面更为致密,早期原生缺陷大大降低,且无机聚合物混凝土比普通水泥混凝土有更高的强度和硬度,因此具有优异的耐磨性能。

4.4.7　长期变形性能

依据《普通混凝土长期性能和耐久性能试验方法标准》(GB/T 50082—2009),采用 100mm×100mm×515mm 棱柱体试件。

1. 干缩试验

试件选取 5 组代表性配比,同一溶胶比(0.56)不同矿粉用量(440kg/m³、420kg/m³、400kg/m³),编号为 QJ2、QJ5、QJ8,同一矿粉用量(400kg/m³)不同溶胶比(0.58、0.56、0.54),编号为 QJ7、QJ8、QJ9,以及机场道面常用配比水泥混凝土,编号 P,对混凝土各龄期干缩值进行测量计算,结果见表 4.24 和图 4.24。

表 4.24　混凝土干缩试验结果

编号	各龄期收缩值/10⁻⁶										
	1d	3d	7d	14d	28d	45d	60d	90d	120d	150d	180d
P	30	49	87	117	209	243	269	279	301	313	343
QJ2	50	117	178	206	227	244	278	291	307	327	354
QJ5	47	105	166	201	223	240	273	289	305	324	351
QJ7	51	121	187	212	234	251	284	297	313	338	361
QJ8	42	98	149	197	217	245	271	285	302	317	346
QJ9	54	126	191	220	244	259	287	303	317	340	364

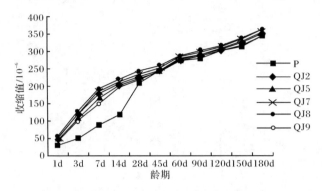

图 4.24　无机聚合物混凝土与水泥混凝土的干缩试验结果

可以看出,各个配比的无机聚合物混凝土的各龄期收缩值均略高于普通水泥混凝土 P,早期收缩较大,其中 QJ8 的 1d、3d、7d、14d、28d、45d、60d 的收缩值分别比普通水泥混凝土 P 大 40%、100%、71.3%、68.4%、3.8%、0.8%、0.7%。可以看出,无机聚合物混凝土早期收缩值比水泥混凝土略大,而后期(从 28d 起)与水泥混凝土基本相当,二者处于同一档次,属低收缩混凝土。

另外,还可以看出,无机聚合物混凝土早期收缩较大,7d、14d 和 28d 的干缩值分别占 180d 干缩值的 50%、59% 和 64% 左右。道面板表面积很大,蒸发量大,实际现场收缩会趋向于在早期发生,有可能引起道面板表面产生收缩裂缝,所以对于无机聚合物混凝土应加强早期养护,极为重要的是,要从混凝土浇筑完成后就加强养护。及时、持续和充足地供水养护基本可以解决问题,从而延缓道面板表面干缩的发生,使徐变能起到缓冲收缩应力的作用,防止道面板出现收缩裂缝,提高道面混凝土耐久性能。

2. 徐变试验

根据弹性模型试验结果,徐变试验试件施加压力荷载 316.8kN,初始应变平均值为 393$\mu\varepsilon$,加荷龄期为 90d。试验数据见表 4.25。

表 4.25　徐变试验结果

天数/d	应变/$\mu\varepsilon$	平均应变/$\mu\varepsilon$	徐变度/MPa^{-1}	徐变系数
0	0.0	0	0	0
1	55.0	48	3.37	0.12
3	90.0	80	5.68	0.20
7	130.0	123	8.70	0.31
14	170.0	160	11.36	0.41
28	230.0	220	15.63	0.56

续表

天数/d	应变/$\mu\varepsilon$	平均应变/$\mu\varepsilon$	徐变度/MPa^{-1}	徐变系数
45	285.0	273	19.35	0.69
60	335.0	323	22.90	0.82
90	435.0	423	30.01	1.08
120	535.0	518	36.75	1.32
150	630.0	610	43.32	1.55
180	715.0	700	49.72	1.78

4.5　开裂敏感性

根据《混凝土结构耐久性设计与施工指南》(CCES 01—2004)中混凝土早期抗裂性试验设计和评价方法。试件为 600mm×600mm×63mm 的平面薄板,边框内设间距 60mm 的双排栓钉,长度分别为 50mm 和 100mm,两种栓钉间隔分布如图 4.25 所示。模具底板采用厚度为 15mm 的复合板,并在底板上铺一层聚乙烯薄膜,防止试件水分从底面蒸发损失。

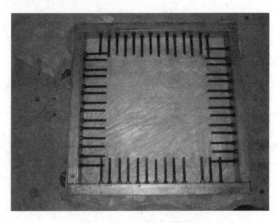

图 4.25　开裂敏感性模具

用平板法试验检测开裂敏感性,一般用裂缝降低系数和混凝土(砂浆)早期防裂效能等级进行评定,按式(4.16)计算裂缝降低系数 η:

$$\eta = \frac{A_{ccr} - A_{wcr}}{A_{ccr}} \tag{4.16}$$

式中,A_{ccr} 为普通水泥混凝土的总开裂面积,mm^2;A_{wcr} 为无机聚合物混凝土的总开裂面积,mm^2。

裂缝总面积按式(4.17)计算：

$$A_{cr} = \sum_{i=1}^{n} w_{imax} i_i \tag{4.17}$$

式中，A_{cr} 为裂缝名义总面积，mm^2；w_{imax} 为第 i 条裂缝名义最大宽度，mm；i_i 为第 i 条裂缝长度，mm。

混凝土(砂浆)早龄期防裂效能等级可按照表 4.26 评定。

表 4.26　混凝土裂缝降低系数和防裂效能等级对照

防裂效能等级	评定标准
一级	$\eta \geqslant 0.85$
二级	$0.7 \leqslant \eta < 0.85$
三级	$0.5 \leqslant \eta < 0.7$

试件的开裂试验结果见表 4.27。

表 4.27　开裂敏感性试验结果

编号	裂缝长度 /mm	最大裂缝宽度 /mm	裂缝条数	开裂总面积 /mm²	裂缝降低系数 η	防裂等级
P	74.3	0.81	11	602.1	—	—
QJ9	11.2/8.3/6.8	0.24	3	63.1	0.90	一级

根据试验情况及表 4.27 所示结果，无机聚合物混凝土 QJ9 在 56h 时出现第一条裂缝，62h 出现第二条裂缝，72h 出现第三条裂缝，裂缝宽度很小，最大裂缝宽度仅为 0.24mm，而且裂缝并无扩展。防裂等级为一级。

4.6　混凝土微观分析

无机聚合物混凝土内部结构扫描电子显微镜图和能谱分析结果如图 4.26 和图 4.27 所示。由图 4.26、图 4.27 可以看出，无机聚合物混凝土内部裂缝孔隙较少，结构比较致密，未见像水泥混凝土那样明显的过渡区。矿粉颗粒在碱性溶液中解体和水化速率快，碱性激发剂大量溶解出 OH^-，单位体积内形成大量的胶体，缩聚形成水化产物，水化较彻底，水化产物较密实，其水化产物中除了 CaO-SiO_2-H_2O 系统的水化物外，尚含大量的碱性铝硅酸盐水化物和沸石型矿物，如 Na_n(Si—O—Al—O)$_n$ 和 (Na,Ca,Mg)$_n$(Si—O—Al—O—Si—O)$_n$ 等，不像水泥混凝土有大且集中的 Ca(OH)$_2$ 晶粒，与周围胶凝产物牢固地黏结为一体，各种晶体相互交织、搭结，使晶体的整体性更强，后产生的水化产物填充其中，结构由疏松逐渐密实强化，结构密实性提高。

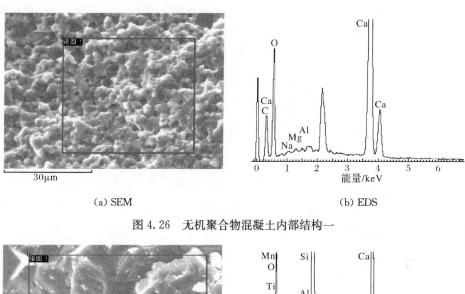

|(a) SEM|(b) EDS|

图 4.26　无机聚合物混凝土内部结构一

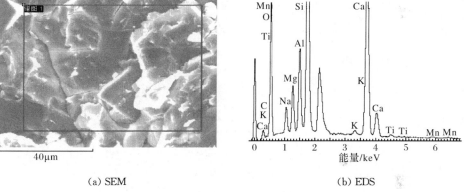

|(a) SEM|(b) EDS|

图 4.27　无机聚合物混凝土内部结构二

从能谱分析结果来看,无机聚合物混凝土的主要水化产物中含有大量 O、Si、Ca、Al、Mg 及 Na 等元素,可知无机聚合物混凝土的水化产物中除了 $CaO\text{-}SiO_2\text{-}H_2O$ 系统的水化物外,尚含有大量的碱性铝硅酸盐水化物和沸石型矿物。C-S-H 是一种无定形的多孔胶凝物质,硬化水泥浆体的特性在很大程度上取决于 C-S-H。研究表明,$CaO\text{-}SiO_2\text{-}H_2O$ 三元系统有两种类型:C-S-H(Ⅰ)和 C-S-H(Ⅱ),它们分别有不同的溶解度、Ca/Si 比和平衡 pH,且 C-S-H(Ⅰ)比 C-S-H(Ⅱ)具有更好的缓冲能力,这对材料的抗侵蚀性能是有利的[56]。激发剂中 Na_2SiO_3 水玻璃带入了大量 SiO_2,从而使无机聚合物混凝土的 Ca/Si 比大大减小,水化产物中的 C-S-H 应属于低 Ca/Si 比的 C-S-H(Ⅰ)凝胶。C-S-H(Ⅰ)是短程有序的三位结构,Palomo 等[57]把这种水化产物称为“沸石前驱体”(zeolite precursor),认为沸石是由这种水化产物演化的最终形态。Wang 等[58~60]用 EDS 分析了无机聚合物混凝土水化产物的化学成分,结果均检测到了 Al、Mg 及 Na,且在浆体中分布均匀。对片状晶体、反应边界处及大体积浆体的化学成分进行了比较,确认这些片状晶体为 C_4AH_{13}。无机聚合物混凝土密实的水化产物和无过渡区的特性使其结构更致密,这是普通水泥混凝土无法相比的,也是无机聚合物混凝土具有优异性能的原因。

第5章 无机聚合物混凝土施工与验收

5.1 概　　述

无机聚合物混凝土按用途可分为抢修无机聚合物混凝土和抢建无机聚合物混凝土,本章将其分别简称为抢修混凝土和抢建混凝土,由于其用途不同,两者在胶凝材料、配合比、凝结时间、强度增长速率等方面存在较大差异,使其在施工设备、工艺、人员等方面也有所不同。

5.2　施　工　工　艺

抢修混凝土和抢建混凝土施工工艺流程分别如图5.1和图5.2所示。

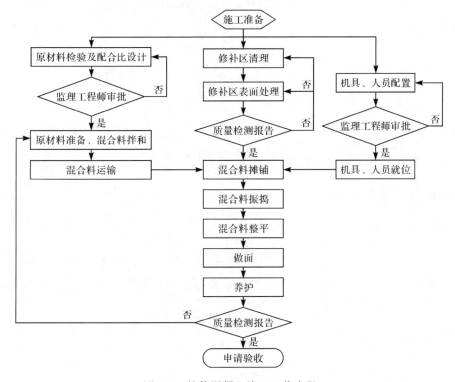

图 5.1　抢修混凝土施工工艺流程

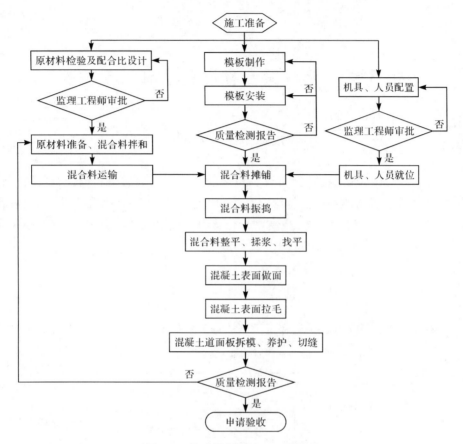

图 5.2　抢建混凝土施工工艺流程

5.3　抢修混凝土施工

5.3.1　施工准备

1. 技术准备

施工前应熟悉设计文件和无机聚合物混凝土相关规范标准[61,62]。以 4h 抗折强度为控制指标，采用绝对体积法进行抢修混凝土的配合比设计，应按设计强度的 1.1～1.15 倍进行配制。

2. 机械、人员准备

1) 机械、人员配备表

抢修混凝土道面施工中机械及人员配备(1 个作业面)见表 5.1。

表 5.1　抢修混凝土道面施工中机械及人员配置(1 个作业面)

序号	人员、机械设备、工具	单位	型号	数量	备注
1	指挥车	台	勇士越野车	1	—
2	一体化施工车	台	RT410	1	—
3	装载机	台	ZL50D	2	—
4	配料车	台	19T 斯太尔	5	—
5	水车	台	8T	1	—
6	机场清扫车	台	—	1	自研装备
7	插入式振动棒	台	1.5kW	3	—
8	木夯梁	条	2.5kW	1	—
9	压槽机	台		1	—
10	技术工人	人	—	13	—
11	管理人员	人	—	2	—

2) 抢修一体化施工车

抢修混凝土初凝时间只有 20~40min,即便现场架设固定搅拌站,从混合料拌和、运输、浇筑、摊铺、振捣至做面完毕,时间也较为紧张,劳动强度很大。通常破损道面修补面积小、分散区域广,一次拌和量不能过多,导致施工效率低下。研发集储料、运输、配料、拌和为一体的施工装备是解决以上问题的最佳方案。

抢修一体化施工车一次能携带、储存 8~12.5m^3 混凝土所需的原材料,包括胶凝材料、石子、砂、水、外加剂等,如图 5.3、图 5.4 所示。原材料以恒定速率被输送到螺旋搅拌器,螺旋搅拌器是一个圆筒形装置,原料从一端进入,内部螺旋装置以 200~500r/min 的转速将混合料完全拌和,并将拌合好的混合料从另一端推出,直接浇筑在修补作业面上。该设备能在数秒内对原材料进行精确计量、配比、搅拌,可以连续生产,每小时可生产 45m^3,也可间歇生产小于 0.1m^3 的混凝土。这样既适用于大面积连续抢修,也适用于修补零星小块破损道面,极大地提高了抢修效率。

3. 原材料准备

抢修混凝土所用原材料——胶凝材料、细骨料、粗骨料、水等应满足国军标《工程抢建抢修无机聚合物胶凝材料技术要求》(GJB 8236—2014)和《战时机场道面抢修技术标准》(GJB 5046—2003)[61,62] 的相关规定。

图 5.3　无机聚合物混凝土抢修一体化施工车

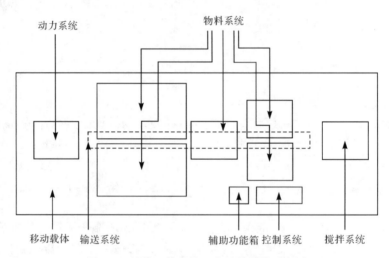

图 5.4　抢修一体化施工车功能模块示意图

　　无机聚合物混凝土原材料具有良好的适应性,在碎石或砾石缺乏的地区,可就地采用天然级配砂砾石或戈壁料等作为骨料,在海防和岛礁建设工程中,混凝土可采用海水拌制。

5.3.2　修补前的现场处理

1. 战时抢修

　　无机聚合物混凝土既适用于弹坑面层的抢修又适用于道面坑洞的修补,同时还可以用于薄层修补。对于弹坑抢修,排弹、回填碾压按国军标《战时机场道面抢修技术标准》(GJB 5046—2003)[63]执行。

　　坑洞修补前,应首先将松散部分清除,然后用空压机吹干净,修补前保持修补面干燥。坑洞深度大于 5cm 的采用抢修混凝土进行修补,深度小于 5cm 的采用无机聚合物砂浆进行修补。

2. 平时抢修

平时抢修是指在非战争时期对军用机场旧道面破损处进行快速修补以满足飞机训练使用要求,以及民用机场在不停航状态下对水泥混凝土道面进行快速修补,也可用于抗震救灾和灾后重建工程的快速抢修抢建。修补前应首先将破损混凝土按矩形破除,同时对基层进行检查,如基层有明显沉降,必须处理合格后再铺筑修补材料,然后应采用空压机将新老结合面清理干净,确保修补效果。

5.3.3　一体化设备拌和、摊铺

抢修一体化施工车在各种原材料存储仓上料完毕后,开至抢修作业面。在控制箱面板上,按抢修混凝土配合比设定各原材料用量。将螺旋搅拌器出口旋转摆动到抢修作业面上方,拌和出料。可以根据作业面形状、大小和位置不断调整螺旋搅拌器出口位置,加快摊铺速率。在大面积抢修过程中,可配备装载机、配料车、水车等设备不断补充原料,以确保连续、快速施工。

5.3.4　混合料振捣、抹面、表面抗滑

摊铺后应及时采用插入式振捣棒振捣,表面用木夯梁拖振 1～2 遍,人工整平局部不平处。

抢修混凝土整平提浆后采用一道木抹、一道铁抹的工序进行抹面。抹面必须在终凝前完成。

若时间允许,在混凝土凝固前可采用压槽机压槽,以增加表面抗滑性能。

5.3.5　养护

抢修混凝土强度增长很快,4h 便可投入使用,因此在抹面完成后喷涂一层混凝土养护剂即可,无须覆盖湿养。

抢修混凝土原则上不用切缝,若必须切缝,时间宜控制在混凝土成型后 3～4h。

5.4　抢建混凝土施工

5.4.1　施工准备

1. 技术准备

由于抢建混凝土采用的施工机具、人员基本与普通混凝土相同,所以技术准

备中应重点熟悉无机聚合物的相关规范标准。

根据设计要求,合理选择胶凝材料型号和等级。

抢建混凝土的配合比采用绝对体积法进行设计,以 7d 抗折强度作为控制指标,应按照设计强度的 1.10～1.15 倍进行配制。

施工前应进行试验段施工,检验配合比合理性,必要时对原配合比的主要参数进行调整。

2. 机械、人员准备

抢建混凝土道面施工人员及机械配置(1 个作业面),见表 5.2。采用固定式搅拌站时,抢建工程开始前应完成混凝土搅拌站的架设工作和所有机具进场准备工作,确保其良好的工作状态。浇筑时,采用轮式挖掘机进行混凝土摊铺,加快抢建速率,减轻工人劳动强度。

表 5.2 抢建混凝土道面施工人员及机械配置(1 个作业面)

序号	人员、机械设备、工具	单位	型号	数量	备注
1	指挥车	台	勇士越野车	1	—
2	搅拌机	台	JS1500	1	每罐 1.5m³
3	10T 翻斗车	台	斯太尔	5	—
4	水车	台	5T	2	—
5	自行式联合振捣器	台	—	1	—
6	插入式振动棒	台	1.5kW	6	—
7	抹面机	台	7.5kW	2	—
8	木条夯	条	3.0kW	2	—
9	滚筒	根	—	2	—
10	切缝机	台	1.5kW	2	—
11	凿岩机	台	ZYJ15	1	支模用
12	装载机	台	ZL50D	2	—
13	轮式小挖掘机	台	0.5m³	1	摊铺用
14	技术工人(技术兵力)	人	—	40	—
15	管理人员	人	—	4	—

3. 原材料准备

原材料的质量应满足国军标《军用机场无机聚合物混凝土道面施工及验收规范》(GJB 8231—2014)和《工程抢建抢修无机聚合物胶凝材料技术要求》(GJB 8236—2014)[61,62] 的要求,原材料应按照抢建工程实际任务量和时限的要求,有计划地进场,在抢建工程开始前完成备料工作。

抢建道面(厚度按 30cm 计)所需各种材料用量,参照表 5.3 确定。

表 5.3　抢建机场道面面积与所需原材料

抢建道面面积/m²	胶凝材料/t	中粗砂/m³	大石 20～40mm/m³	小石 5～20mm/m³
1000	142	120	146	120
50000	7100	5890	7300	5950
100000	14200	11780	14600	11900

4. 现场准备

抢建施工前应对基层标高、平整度和纵横坡度进行检测,对局部超高处应凿除,局部低凹处应先找平或直接与道面一起浇筑。

5.4.2　模板制作、支设与拆除

抢建无机聚合物混凝土模板的制作、支设与拆除应符合普通混凝土模板相关国家规范的要求。

采用无机聚合物混凝土铺筑道面板的最早拆模时间应符合表 5.4 的要求。

表 5.4　最早拆模时间

昼夜平均气温/℃	混凝土成型后最早拆模时间/h
<5	>24
5～10	24
10～20	18
20～30	12
>30	8

5.4.3　混合料的配制和运输

1. 配料

抢建混凝土必须按施工配合比(质量比)计量配制,每罐投料允许偏差:胶凝材料为±0.5%,砂、石料均为±3%,水、外掺材料为±1%。

混凝土必须先进行干拌,然后再加水湿拌,加料的顺序为大石→小石→砂→胶凝材料→水。混合料干拌 30s 时开始加水,自加水结束的净搅拌时间不低于60s。

每班开工前,应对搅拌站进行例行检查,确保其工作状态良好,计量装置准确。

每次搅拌混凝土均应按规范要求进行详细记录,以备审查。

2. 运输

抢建混凝土可采用固定或移动式搅拌机拌制,运输距离不宜大于 1.5km,尽量减少车辆颠簸,避免混凝土离析。同时应合理调配运输车辆,使拌和、运输及摊铺工序紧密衔接。

车辆进入铺筑地段及倒车时,不得碰撞模板、传力杆支架及先前浇筑成型的混凝土板(简称先筑板,下同)边角,也不得将混凝土混合料倒在传力杆支架和模板上。

混凝土混合料在运输过程中,不应漏浆洒料,车轮不应将泥带入铺筑地段,车内外的黏浆剩料要及时清除。

运输车辆吨位不宜过大,以 10T 翻斗车为宜。卸料高度不宜超过 1.5m,超过时,应加设溜槽。

5.4.4　混合料摊铺

抢建混凝土摊铺方法与普通混凝土道面(路面)大致相同,需要注意的是无机聚合物混凝土凝结时间短,可采用小型挖掘机加快摊铺速率,其混合料的摊铺应与振捣连续进行。

混凝土的虚铺厚度应先进行试验,以确保混凝土振捣后的表面高度与模板顶面一致。

5.4.5　振捣和整平

抢建混凝土的混合料属于大流动、自密实混凝土,易于振捣,使用自行联合振捣器配木条夯进行振捣与整平。需要特别注意的是,混凝土板的边角及企口部位,应用插入式振动棒补振密实。在振捣过程中,应辅以人工找平,并应随时检查模板有无松动、上升、沉降和倾斜,有则应及时予以纠正。

振捣后应立即用木夯梁对混凝土表面进行粗平,局部不平处可用木抹或钢抹整平。粗平后采用铁滚杠滚动 3~5 遍进行揉浆精平,使表面泛浆均匀,平整密实。

整平作业后,应复查模板的平面位置与高程,如不符合要求应及时处理。

5.4.6　抹面和表面抗滑施工

抢建混凝土精平后采用 1 道木抹、1 道抹面机抹面、2 道铁抹共 4 道工序进行抹面。

　　木抹抹面时,边抹面边用 3m 直尺交错检查混凝土板面平整度,保证平整度符合要求。最后一道铁抹要求混凝土表面光滑平整,无抹痕。抹面机可使混凝土表面更加密实,提高抹面效率。

　　表面抗滑施工应符合设计和相关规范要求,可采用拉毛、压槽或后期刻槽等方式。

5.4.7　切缝

　　抢建混凝土的切缝时间应根据现场气温条件通过试验来确定。过早会造成边缘损伤,过晚会导致不规则开裂或断板。

　　切缝前应精确定位,弹出墨线做切缝导向,按设计宽度、深度切缝。

　　抢建混凝土常温条件下的切缝时间宜控制在成型后 7～8h,其他温度条件下,宜结合混凝土强度增长并通过试验确定。

5.4.8　养护

　　由于抢建混凝土的早期收缩性略大于普通混凝土,所以抢建混凝土应特别加强早期养护。抹面完成后应立即覆盖塑料布,并加铺一层无纺布进行保水、保温养护,以提高混凝土早期强度并防止塑性裂缝的产生。1d 后对道面进行洒水并覆盖无纺布养护,时间为 2d,总养护时间不少于 3d。

　　整个养护期间,混凝土板面和侧壁均应覆盖严实,保持湿润。

　　气温低于 10℃时,应对成型混凝土采取保温措施,并适当延长养护时间。

　　抢建混凝土道面 7d 后方可开放通行。

5.4.9　嵌缝

　　嵌缝施工应满足设计文件和相关规范的要求[64]。

5.5　高温、低温、负温施工

5.5.1　高温施工

　　施工温度高于 35℃时属于高温施工,此时无机聚合物混凝土的凝结时间会缩短,施工性变差,表面容易开裂,施工中应采取相应措施加以克服,具体措施如下:

　　(1)可在无机聚合物混凝土中加入适量粉煤灰,以延长混合料的初凝时间,使抢修混凝土初凝时间≥20min,抢建混凝土初凝时间≥40min。

　　(2)抢修混凝土面层施工完毕后立即喷养护剂进行养护。抢建混凝土宜覆盖土工布并洒水养护,养护时间宜适当延长,一般不低于 4d。

（3）抢建混凝土浇筑成型后 6h 即可拆模，1d 后即可浇筑填仓混凝土。

（4）混凝土施工入仓前，应对基层表面洒水降温。

（5）根据气温变化，适当调整混凝土水胶比，以满足混凝土工作性要求。

（6）混合料运输时宜用无纺布进行覆盖，防止水分蒸发过快。

（7）在确定施工方案时，前后台运输距离尽可能缩短，并保持运输路面的平整，防止颠簸。

5.5.2　低温、负温施工

室外昼夜平均气温连续 5d 低于 10℃ 时属于低温施工，当施工温度低于 0℃ 时，属于负温施工。在低温及负温施工时，无机聚合物混凝土应采取如下措施：

（1）抢建混凝土胶凝材料优先选择 Ⅱ 型 6.5 级、Ⅱ 型 7.5 级，抢修混凝土胶凝材料优先选择 Ⅰ 型 4.0 级。

（2）适当调整水胶比或外掺早强剂以缩短凝结时间提高早期强度。抢建时水胶比不宜大于 0.33，抢修时水胶比不宜大于 0.30。早强剂用量为 $3\sim6kg/m^3$。

（3）混凝土搅拌台（站）应搭设暖棚或采取其他挡风保温设施。抢建混凝土施工时应使搅拌站的设置与作业面的运距最短，以缩短混合料运距。

（4）负温施工时，应用热水搅拌以加快无机聚合物混凝土强度增长，水温不宜低于 40℃。若施工温度低于 -5℃ 时，可将砂、石骨料同时加热，加热温度不宜低于 20℃。

（5）搅拌时间应比正常施工气温条件下的搅拌时间延长 50%。

（6）混凝土混合料搅拌时，不得使用带有冰雪及冰团的砂石料。

（7）混凝土摊铺时，基层不得有冰冻和存留冰雪，模板和钢筋上的冰雪要清除干净。

（8）混凝土混合料的拌和、运输和铺筑等工序应紧密衔接，尽量缩短其间隔时间。

（9）混凝土半成品在运输过程中宜用厚型无纺布覆盖，防止混合料热量散失过快。

（10）混凝土成型后应立即用厚型塑料薄膜覆盖，并采取保温、加温措施。

（11）当气温在 5～10℃ 时，用两层塑料布夹一层厚型无纺布覆盖。1d 后开始洒水养护，养护时间为 4d。

（12）当气温低于 5℃ 时，宜采取电加热或蒸气加热等加温养护措施。电加热养护时，应先在混凝土板面覆盖一层塑料布，然后铺上与板面同宽的电热毯，再在其上盖一层塑料布，最后通电加热，温度应不低于 20℃。蒸气养护时，应先采用双层塑料布覆盖混凝土板面，四周压紧密闭，然后将蒸气置入两层塑料布之间，温度宜控制在 40～60℃。

（13）低温及负温时宜优先选用蒸气加热方式进行养护，抢建混凝土升温时间不低于 30h，蒸气加热完毕采用普通保温方式养护 3d。抢修混凝土升温时间不低于 4h。

（14）气温低于 0 时，严禁洒水养护。

应按照相关规范的要求，测定水和砂石料、拌和料及混凝土板的温度。

5.6　风天、雨期施工

无机聚合物混凝土较水泥混凝土受风天、雨天影响要小得多，6 级风以下或小雨天气都能正常施工。风力达到 6 级以上或中到大雨要采取相应措施方能施工。

抢修混凝土在风天、雨期施工时，宜选用 Ⅰ 型 3.5 等级胶凝材料配制混凝土，人员、机械配备比通常情况增加 10% 左右，并采取相应的防风、防雨措施。面层施工完毕后及时用塑料薄膜进行覆盖，防止表面被雨淋坏。

抢建混凝土风天、雨期施工可参考普通混凝土施工规范[64]有关规定执行。

5.7　质量控制和验收标准

5.7.1　质量控制

（1）抢修工程应按照应急抢修预案组织施工，其原材料可考虑采用非标准骨料，胶凝材料应符合国军标《工程抢建抢修无机聚合物胶凝材料技术要求》（GJB 8236—2014）[62]。

（2）抢建混凝土应按设计文件和设计图纸进行施工，建立健全质量保证体系，制定质量保证措施，编制施工组织方案。

（3）按设计要求进行无机聚合物混凝土配合比设计，通过优化确定混凝土施工配合比。

（4）施工前应进行技术交底，对施工人员进行岗前培训，考核合格后方可上岗。

（5）混凝土搅拌站应设置电脑自动计量配料系统，并经技术监督部门计量标定，合格后方可使用。

（6）原材料进场后必须进行检验，合格后方可使用。原材料检验应符合表5.5 的规定。

表 5.5　原材料抽检频率

材料名称	检验项目	抽检频度 （同一料源，同一规格）	其他要求
胶凝材料	各组分含量、玻璃体含量、比表面积、安定性	每 500t 一次或每批次	审验出厂质保资料
砂	有害物质含量、坚固性	一次	—
	常规指标	每 2000～3000m³ 一次	
石子	有害物质含量、坚固性	一次	—
	常规指标	每 4000～5000m³ 一次	
水	硫酸根离子、氯离子含量、可溶物含量、pH	一次	—
封缝材料	相关规范	一次	审验出厂质保资料

注：不足表中抽检批量的，至少抽检一次。

(7) 抢建混凝土道面施工过程质量控制应符合表 5.6 的规定。

表 5.6　抢建混凝土道面施工过程质量控制

检查项目	质量标准或允许偏差	检验频率	检验方法
抗折强度	试件 7d 强度≥设计龄期强度	每 400m³ 成型 1 组设计龄期试件	现场成型，现场养护，室内小梁抗折试验
平整度 /mm	平均值：3 单尺最大值≤5	每条仓随机抽取 10 块板进行检测	用 3m 直尺和塞尺测定，沿纵向检测，每处连续测 6 次，计算最大间隙及平均值
邻板高差 /mm	2	每班随时检查，次日抽查每条填仓纵缝不少于 6 点，横缝施工缝不少于 1 点	用 300mm 直尺和塞尺在板边缘拉直检查
接缝直线性 /mm	10	每班随时检查模板，并将独立仓跑模处切掉，连片扩缝后纵缝每 200m 不少于 1 点，横缝每 10 条不少于 1 点	用 20m 长线拉直检查，取最大值
高程 /mm	±5	每班按设计方格网点随时检查模板	用水准仪测量
板厚度 /mm	—5	随时检查模板或填仓	紧贴模板或先筑板顶面拉线尺量

续表

检查项目	质量标准或允许偏差	检验频率	检验方法
表面平均纹理深度	符合设计要求	次日抽捡,每个施工段不少于 6 块板,每块板测 3 点	填砂法
长度	跑道 1/7000	验收时沿中线测量全长	按三级导线测量规定精度检查
宽度	跑道 1/2000	每 10m 测量一处	用钢尺自中线向两侧测量
预埋件预留位置中心/mm	±10	每个预埋件	纵、横两个方向用钢尺测量
外观	应表面平整、纹理均匀一致,嵌缝料饱满、黏结牢固,缝缘清洁整齐		

（8）抢修混凝土道面施工过程质量控制应符合表 5.7 的规定。

表 5.7　抢修混凝土道面施工过程质量控制

检查项目	质量标准或允许偏差	检验频率	检验方法
抗折强度	试件 4h 强度≥设计龄期强度	每个修复面成型 1 组设计龄期试件	现场成型,现场条件养护,室内小梁抗折试验
平整度/mm	平均值:3 单尺最大值≤7	每个修复面不少于两处	用 3m 直尺和塞尺测定,每处连续测 6 次,计算最大间隙及平均值
新旧板相邻高差/mm	3	每个修复面不少于 3 点	用 30cm 直尺和塞尺在新旧板接合处检查
外观	表面不允许出现贯通裂缝		

5.7.2　验收标准

（1）抢建混凝土道面质量验收标准、抽检数量、合格判定及检查方法应符合表 5.8 的规定。

表 5.8　抢建混凝土道面质量验收标准

检查项目	质量标准	抽检数量	合格判定	检查方法
抗折强度	满足设计要求			
平整度/mm	平均值:3 单尺最大值≤5	按照 GJB 1112A—2004[64] 或国家相关规范执行		
相邻板高差/mm	2			

检查项目	质量标准	抽检数量	合格判定	检查方法
表面平均纹理深度	符合设计或原抢修道面设计要求			
纵、横缝直线性/mm	10			
板厚度/mm	−5	按照 GJB 1112A—2004[64] 或国家相关规范执行		
长度	跑道 1/7000			
宽度	跑道 1/2000			
高程/mm	±5			
预埋件预留位置中心/mm	±10			
外观	应表面平整、纹理均匀一致,嵌缝料饱满、黏结牢固,缝缘清洁整齐			

（2）抢修混凝土道面质量验收标准应符合表 5.9 的规定。

表 5.9　抢修混凝土道面质量验收标准

检查项目	质量标准	抽检数量	合格判定	检查方法
抗折强度/MPa	试件 4h 强度≥3.0 现场钻芯取样劈裂试验≥3.0			
平整度/mm	平均值:3 单尺最大值≤7	按照 GJB 1112A—2004[64] 或国家相关规范执行		
新旧板相邻高差/mm	3			
外观	表面不允许出现贯通裂缝			

第6章 典型工程实例

6.1 西藏邦达机场

6.1.1 工程概况及特点

邦达机场位于西藏昌都地区,跑道长5500m,宽45m,飞行区等级4D,海拔4334m,是世界上跑道最长、海拔高度第二的军民合用机场。该地区自然环境异常恶劣,紫外线辐射强烈,干旱少雨。机场历经20余年的使用,道面破损严重,尤其是冻融造成的大面积脱皮、空洞、断裂、冻胀、错台、掉边掉角等病害,已严重影响飞行安全。

该地区空气稀薄,密度仅为海平面密度的50%,机械功率及人工工效下降幅度大。施工期间白天最高温度20℃左右,晚上最低5℃左右,阵风最大风速可达30m/s以上。主要材料和施工设备组织困难,又正值川藏线改建,内地运往工地的材料和设备转场最少需要7d才能到达。

6.1.2 应用情况

采用无机聚合物混凝土对跑道全长进行修复,修复总面积18.9万 m^2,胶凝材料选定为Ⅰ型4.0级。

修补前首先凿除旧道面破损处,并将松散部分清除干净,保持修补面干燥,如图6.1所示。

图6.1 主跑道破损道面挖除

采用抢修一体化施工车浇筑混凝土,如图 6.2 所示。因施工期间平均气温偏低,早晚温差大,无机聚合物混凝土早期强度增长缓慢,极易出现开裂和脱落等病害。通过现场调整胶凝材料用量和水胶比,以及喷洒养护剂、覆盖塑料布和无纺布,采用大功率电热被加热等方式,对混凝土进行保温、升温,有效地提高了低温条件下早期强度的增长速率。施工配合比见表 6.1。

图 6.2　一体化施工车作业

表 6.1　邦达机场抢修混凝土施工配合比

胶凝材料 I 型 4.0 级 /(kg/m³)	水洗砂 /(kg/m³)	大小石 5～40mm /(kg/m³)	水 /(kg/m³)	水胶比
480	560	1250	160	0.33

6.1.3　应用评价

经检测,无机聚合物混凝土 4h 抗折强度达到 4.0MPa 以上,1d 的强度达到 6.0MPa 以上,符合国军标《军用机场无机聚合物混凝土道面施工及验收规范》(GJB 8231—2014)相关规定。

利用该材料抢修的机场道面凝结时间快,强度高,与老道面黏结性好,无错台,外观良好。修补后的道面 4h 即可保证飞机起降使用,如图 6.3 所示。

该材料适用于高海拔地区机场道面抢修工程,满足高原高寒地区机场道面使用要求。

本工程采用了最新研制的抢修一体化施工车,大大节省了人力和机械设备的投入,提高了施工效率,工期提前 19d。

图 6.3　修补后的机场道面

6.2　西藏日喀则机场

6.2.1　工程概况及特点

日喀则机场地处西藏高原地区,因年久失修,道面冻融、破损、塌陷、断板等病害普遍,已严重影响机场正常使用。

原设计采用高标号水泥混凝土进行修复,计划工期 30d,任务难以完成。为了加快修复进度,经反复论证,报请工程建设指挥部、设计单位、监理单位同意,整个道面修补全部采用无机聚合物混凝土新型抢修材料。

6.2.2　应用情况

为降低工程成本,采用当地矿粉和砂石骨料,现场配制液态激发剂,通过大量试验和多方案比选、配方优化,配制出抢修混凝土,其配合比见表 6.2。

表 6.2　日喀则机场抢修混凝土施工配合比

矿粉 /(kg/m³)	激发剂(液态) /(kg/m³)	水洗砂 /(kg/m³)	大石 20～40mm /(kg/m³)	小石 5～20mm /(kg/m³)	溶胶比
470	276	560	723	592	0.59

抢修混凝土坍落度为 120～160mm,采用 JS1500 强制式混凝土搅拌机拌制,用插入式振动棒振捣密实,抹面成型后喷洒混凝土养护剂养护。

6.2.3　应用评价

无机聚合物混凝土具有早强、快凝、施工方便、黏结力强等特点,适合高原机场大面积抢修。经检测，无机聚合物混凝土 4h 抗折强度达到了 3.2MPa，1d 抗折强度达到了 5.1MPa，且无开裂脱落现象，满足设计 28d 抗折强度 4.5MPa 的要求。

采用无机聚合物混凝土修补道面不但各项指标均满足设计要求，而且施工速度快，仅用了 20d 即完成了 34.6 万 m² 的修补任务，工期提前 10d，比原设计方案节省经费 200 余万元。

6.3　新疆某直升机机场

6.3.1　工程概况及特点

新疆某直升机机场地处中温带大陆干旱气候区，温差大，寒暑变化剧烈，冬季寒冷，最低温度可达−35℃。施工期间白天平均气温 7℃左右，晚间最低温度为−2℃左右，属于超低温施工。

计划工期 15d，需完成旧道面抢修 6000m²，道面抢建 200m²（厚度 25cm）。设计指标 28d 抗折强度 5.0MPa，抗冻融≥F300。

6.3.2　应用情况

机场道面抢修抢建工程均采用无机聚合物混凝土。采用乌鲁木齐八一钢铁厂生产的 S95 矿粉，现场配制液态激发剂，采用与水泥混凝土相同的骨料。针对低温施工特点，通过大量室内试验和现场试验，配制出符合设计指标的抢修、抢建无机聚合物混凝土，其配合比见表 6.3、表 6.4。

表 6.3　新疆某直升机机场抢修混凝土施工配合比

矿粉 /(kg/m³)	激发剂（液态） /(kg/m³)	水洗砂 /(kg/m³)	小石 5~20mm /(kg/m³)	大石 20~40mm /(kg/m³)	溶胶比
400	201	614	567	693	0.50

表 6.4　新疆某直升机机场抢建混凝土施工配合比

矿粉 /(kg/m³)	激发剂（液态） /(kg/m³)	水洗砂 /(kg/m³)	小石 5~20mm /(kg/m³)	大石 20~40mm /(kg/m³)	溶胶比
399	192	615	567	693	0.48

混凝土采用 JS1500 搅拌机拌制，抢修采用插入式振动棒振捣。因气候干燥，抹面结束覆盖塑料薄膜加土工布养护 1d。抢建混凝土采用联合振动器振捣，覆盖塑料布加无纺布养护 4d。

为克服低温环境对混凝土强度增长带来的不利因素，采取如下辅助措施：

（1）搅拌站设置时尽量缩短混合料运距，搅拌站应搭设暖棚或采取其他挡风保温设施。

（2）应将水加热后搅拌，根据情况，砂石料可同时加热。混合料不超过 35℃；水不超过 60℃；砂石不超过 40℃，胶凝材料不允许加热。搅拌时间应比正常气温条件下的搅拌时间延长 50%。

（3）养护时必须采取保温、升温养护措施。蒸气养护温度宜控制在 60℃ 以下。电加热养护步骤：先用一层塑料布覆盖，再铺一层与板面同宽的电热被，其上盖一层塑料布，最后电热被通电加热，保持混凝土板不低于 10℃。

6.3.3　应用评价

通过调整激发剂配方，改进养护方式，采用蒸汽养护和大功率电热被加热等简便工艺，有效提高了无机聚合物混凝土早期强度增长速率。实践表明，该混凝土不仅能够在常温条件下施工，而且可以在 10℃ 以下，甚至零度以下施工，拓宽了其适应性。

经检测，在低温条件下，辅以保温、辅助加热升温等措施，抢修 4h 抗折强度达到 3.1MPa 以上，1d 抗折强度达到 5.3MPa 以上；抢建 7d 抗折强度达到 5.5MPa 以上，28d 抗折强度达到 6.5MPa 以上，抗冻融循环达到 320 次以上。

低温或负温施工主要针对特殊用途的抢修抢建工程，成本会有一定程度的提高。

6.4　乌鲁木齐地窝堡国际机场

6.4.1　工程概况及特点

乌鲁木齐地窝堡国际机场地处西北边陲，干旱少雨，蒸发量大，风多且风力大。除气候恶劣导致道面冻融破坏外，机场冬天除雪，喷洒大量除冰液也加剧了道面的损坏，其老滑行道、老站坪的道面断板、掉边掉角、脱皮等现象尤为严重，严重影响了机场正常使用和飞行安全。

新疆机场建设集团决定对老滑行道、老站坪在不停航条件下实行快速修复，抢修面积 41000m²。该项目分布片区多，且施工期正值乌鲁木齐机场运行的高峰，对施工干扰大，许多区域必须停航后在夜间施工，施工组织困难，安全压力极大。

计划工期 20d，时间紧，且正值高温酷暑季节，地表最高温度可达 50℃，对施工极为不利。

6.4.2　应用情况

针对工程特点,采用无机聚合物混凝土新型抢修材料进行施工,采用标准化生产的胶凝材料(粉剂)与骨料配制了道面抢修混凝土,胶凝材料为Ⅰ型 4.0 级,其配合比见表 6.5。

表 6.5　乌鲁木齐机场抢修混凝土施工配合比

胶凝材料 /(kg/m³)	水洗砂 /(kg/m³)	小石 5~20mm /(kg/m³)	大石 20~40mm /(kg/m³)	水 /(kg/m³)	水胶比
450	570	631	684	163	0.36

对于薄层和小孔洞采用无机聚合物混凝土快硬砂浆进行了修补。

通过调整混凝土配合比和胶凝材料用量,对凝结时间进行有效控制,减少了高温造成混凝土反应速率过快的不利影响,现场抢修施工如图 6.4 所示。

图 6.4　抢修道面施工

6.4.3　应用评价

抢修混凝土的强度、工作性等主要指标均满足高温条件下机场道面大面积抢修的要求,经质检部门检测,各项指标均达到设计要求。通过跟踪观察,道面板未出现贯通性裂缝,新老道面结合处未出现开裂现象。

6.5　新疆武警直升机机场

6.5.1　工程概况及特点

武警总部要求对新疆武警直升机机场进行紧急扩建,在 28d 内必须完成两个起降坪的抢建(面积 1250m²、厚度 25cm)和原跑道道面的抢修(面积16000m²)。

　　该地区昼夜温差大,施工期间最高温度 32℃,夜间最低温度 15℃,且气候干燥,很容易导致混凝土断板、开裂等现象的发生。

　　起降坪基础为级配砂砾石,承载力较水泥稳定砂砾石低,对混凝土面层的强度要求高。

　　要求在不影响正常飞行训练的情况下完成,施工难度大。

6.5.2　应用情况

　　经过多方案比选,决定采用无机聚合物混凝土进行抢修抢建。依据设计要求,配制出了抢修混凝土和抢建混凝土,其基本特性及配合比分别见表 6.6、表 6.7。

表 6.6　抢建混凝土原材料、配合比及其特性

	材料	配合比	特性
原材料	胶凝材料/(kg/m³)	450	Ⅱ型 6.5 级,胶砂 7d 抗折强度≥7.0MPa
	水/(L/m³)	158	生活用水
	细骨料/(kg/m³)	650	水洗砂,细度模数 3.2,含泥量≤2.0%
	小石/(kg/m³)	590	10cm 以上卵石破碎
	大石/(kg/m³)	710	10cm 以上卵石破碎
	水胶比	0.35	—

设计指标	新拌混凝土现场检测混凝土的特性
28d 抗折强度/MPa	5.0
坍落度/cm	12～16
现场混凝土 7d 抗折强度/MPa	6.0
容重/(kg/m³)	2558
现场混凝土的 pH	10.5
抗冻融循环≥F300	≥F320
肉眼观察结果	无可观察到的开裂、剥落和其他缺陷

表 6.7　抢修混凝土施工配合比

胶凝材料/(kg/m³)	水洗砂/(kg/m³)	粗集料 5～40mm/(kg/m³)	水/(kg/m³)	水胶比
450	570	1315	158	0.35

　　为保证混凝土施工质量、加快进度,在施工中采取如下措施:

　　(1)采用电子计量、全自动控制的强制式混凝土搅拌站。先干拌后湿拌,搅拌时间不少于 90s。

　　(2)每罐投料允许偏差。胶凝材料为±0.5%,砂、石料均为±3%,水为±1%。

（3）采用小型翻斗车运输混凝土，每车不宜超过 3 罐以缩短等待时间，减少坍落度损失。

（4）抢建混凝土混合料摊铺采用小型挖掘机，以提高摊铺速率、节省人力，如图 6.5 所示。

（5）抢建混凝土抹面后覆盖塑料布和无纺布，洒水养护，养护时间不少于 3d，如图 6.6 所示。

（6）根据不同的施工温度，切缝时间适当进行调整。由于夜间温度低，强度增长缓慢，切缝时间宜控制在 18h 左右。

（7）抢修混凝土采用一体化施工设备进行施工，采用喷膜养护。

图 6.5　挖掘机摊铺混凝土

图 6.6　混凝土抹面成形

6.5.3　应用评价

无机聚合物混凝土新型抢修抢建材料综合性能优异,施工技术先进,起降坪抢建 3d、抢修 4h 后,直升机便可起降,如图 6.7 所示。经检测和综合评定,抢建混凝土 7d 抗折强度达 6.0MPa 以上,抗冻融循环≥F300;抢修混凝土 4h 抗折强度达 3.3MPa 以上,且表面观感度良好,质量优良,满足直升机使用要求。

无机聚合物混凝土新型抢修抢建材料具有早强、快硬、施工方便等优点,仅用 10d 就圆满完成任务,大大提高了机场道面应急抢修抢建的施工技术水平。

图 6.7　道面抢修 4h 后直升机起降

6.6　重庆大足某机场

6.6.1　工程概况及特点

大足某机场占地面积 1.6km^2,工程面积 3920m^2(厚度 28cm),方量 1097m^3。

施工期间最高气温 18℃,最低气温 11℃,正值雨季,给施工带来不便。机场道面设计抗折强度 28d 为 5.0MPa,站坪平均纹理深度≥0.4mm。

6.6.2　应用情况

采用无机聚合物混凝土进行快速抢建,如图 6.8 所示,胶凝材料采用Ⅱ型 5.5 级,碎石采用玄武岩破碎。通过试验室试配和现场验证,确定了抢建混凝土配合比,见表 6.8。

图 6.8　抢建混凝土现场

表 6.8　抢建混凝土施工配合比

胶凝材料 /(kg/m³)	水洗砂 /(kg/m³)	小石 5~20mm /(kg/m³)	大石 20~40mm /(kg/m³)	水 /(kg/m³)	水胶比
475	677	592	723	150	0.32

6.6.3　应用评价

检测表明,抢建混凝土道面各项指标均达到设计要求,其 1d 抗折强度达到 3.0MPa 以上,3d 抗折强度达到 5.5MPa 以上;道面外观美观、表面平整、纹理均匀,满足使用要求。

抢建混凝土施工简便、施工速度快,适应大面积抢建机场道面混凝土施工。抢建道面 3d 即可满足飞机起降的要求,大大提高了机场道面应急抢建抢修的施工技术水平。

6.7　邛崃机场工程

6.7.1　工程概况及特点

邛崃机场改扩建工程采用无机聚合物混凝土抢建停机坪道面,面积 24000m²,厚度 40cm。

6.7.2　应用情况

胶凝材料采用Ⅱ型 5.5 级，混凝土配合比及特性见表 6.9。

表 6.9　抢建混凝土原材料、配合比及其特性

原材料	材料	配合比	特性
	胶凝材料/(kg/m³)	430	Ⅱ型 5.5 级，胶砂 7d 抗折强度≥6.0MPa
	水/(L/m³)	158	生活用水
	细骨料/(kg/m³)	665	水洗砂，细度模数 2.8，含泥量≤3.0%
	小石/(kg/m³)	595	10cm 以上卵石破碎
	大石/(kg/m³)	720	10cm 以上卵石破碎
	水胶比	0.37	—
设计指标		新拌混凝土现场检测混凝土的特性	
28d 抗折强度/MPa		5.3	
坍落度/cm		12～16	
现场混凝土 7d 抗折强度/MPa		6.0	
容重/(kg/m³)		2568	
现场混凝土的 pH		10.6	
抗冻融循环≥F300		≥F320	
肉眼观察结果		无可观察到的开裂、剥落和其他缺陷	

6.7.3　应用评价

经检测，无机聚合物混凝土 28d 抗折强度达到了 7.4MPa 以上，其他指标均满足设计要求。

通过大面积施工实践，验证了无机聚合物混凝土施工设备与水泥混凝土施工设备的通用性。无机聚合物混凝土具有自密实、大流动性，更容易振捣密实。采用机械加人工相配合的方式提高了摊铺速率，做面更加容易，表面更加密实。采用塑料布加无纺布覆盖洒水养护的方式，养护期仅为 3d。填仓施工间隔时间由普通水泥混凝土的不少于 3d 缩短为 1d，加快了工程进度。停机坪采用无机聚合物混凝土浇筑比传统水泥混凝土浇筑至少提前 21d 交付使用。

无机聚合物混凝土胶凝材料由过去的液态变成粉剂，并实现了工业化生产，不但便于施工，而且质量更加稳定。粉剂胶凝材料的运输更加方便快捷，便于储存且储存期更长。

利用无机聚合物混凝土比水泥混凝土节省经费 95 万元。

6.8　其他类型工程

6.8.1　桥梁工程

1. 工程概况及特点

本桥梁是根据邛崃机场油库专用道路的需要设计修建的,桥跨 5m,宽 9m,设计荷载 80t。桥台采用 C30 无机聚合物混凝土,简支板及桥面铺装采用 C40 无机聚合物混凝土一次性浇筑成型,钢筋保护层厚度为 10cm。受力钢筋采用 HRB400级,箍筋采用 HPB300 级,设计简图如图 6.9 所示。

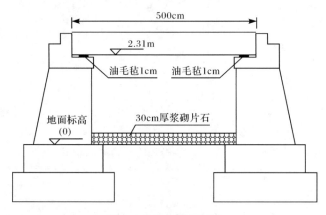

图 6.9　简支桥立面图

施工中对桥台混凝土内部放热情况和温度变化进行了跟踪测试,成桥 3d 后进行桥面荷载试验,综合评估桥面受力状态。

2. 工艺特点及施工措施

(1)原材料检查。施工前,应对混凝土原材料进行检查,重点检查无机聚合物激发剂、矿粉是否受潮、结块,检查砂石料是否受到污染、粒径大小及含水量情况。

(2)施工配合比确定,桥面 C40 无机聚合物混凝土配合比见表 6.10。

表 6.10　C40 无机聚合物混凝土施工配合比

胶凝材料Ⅱ型 5.5 级 /(kg/m³)	小石 5～20mm /(kg/m³)	大石 20～40mm /(kg/m³)	砂 /(kg/m³)	水 /(kg/m³)	水胶比
450	345	805	715	145	0.32

桥台 C30 无机聚合物混凝土配合比见表 6.11。

表 6.11 C30 无机聚合物混凝土配合比

胶凝材料 II 型 5.5 级 /(kg/m³)	小石 5～20mm /(kg/m³)	大石 20～40mm /(kg/m³)	砂 /(kg/m³)	水 /(kg/m³)	水胶比
410	345	805	700	135	0.33

（3）混凝土拌和。本工程架设了 1 台有计量装置的强制式拌和机,设置在工地附近。各种计量仪器经计量局鉴定后使用,对骨料的含水率经常进行检测,并相应调整骨料和水的用量。梁板一律采用现浇。拌和上料程序为:石→砂→胶凝材料→水,拌和时间应满足设计及规范要求。在整个拌和过程中,严格控制拌和速率、混凝土水胶比和坍落度。

（4）混凝土的运输。混凝土采用 6m³ 混凝土运输车运输,混凝土出料后在 10min 内运至施工现场。

（5）混凝土浇筑。桥台、桥墩混凝土采用运输车直接进行输送。混凝土根据构造物不同采取不同的浇筑顺序,其分层浇筑厚度应符合规范要求。混凝土由高处自由落下的高度不得超过 2m,超过 2m 时采用导管或溜槽。混凝土初凝后,模板不得振动,伸出的钢筋亦不得承受外力。混凝土浇筑过程中,随时检查预埋件的位置,如有偏移及时校正。

（6）混凝土的振捣。使用插入式振动棒振捣,应快插慢拔,以免产生空洞,确保振捣密实。

（7）混凝土养生。混凝土浇筑完成后,根据当地气候和梁体预制的工期安排,采用土工布及时覆盖洒水,养护至少 3d。

（8）模板、支架工程。安装好的模板应有足够的刚度、强度及稳定性,模板表面涂刷隔离剂。使用碗扣式支架和脚手架,支架安装完成后,对其平面位置、顶部标高、节点联系及纵横向稳定性进行全面检查。

3. 应用评价

采用无机聚合物混凝土修建的桥梁,如图 6.10 所示,其变形规律和应变状态正常,结构强度、刚度及抗裂能力满足设计规范要求。在本次桥台的浇筑过程中没有采用特别的降温措施,仍能控制好内外温差,证明无机聚合物混凝土也适用大体积混凝土浇筑,进一步扩展了无机聚合物混凝土在桥梁等构筑物工程中的应用。

图 6.10　建成后桥梁全景

6.8.2　雅安芦山县抗震救灾工程

1. 工程概况及特点

2013 年 4 月 20 日雅安芦山县发生了 7.0 级地震,位于震中的太平镇太平中学和三九希望小学校舍损毁严重,致使近 600 名学生无法上课。为尽快复课,芦山县抗震救灾指挥部决定在太平中学操场上紧急搭建供 600 名学生上课的临时板房。工程采用了无机聚合物混凝土快速浇筑板房圈梁基础,加快了板房的搭建速率,提前 7d 完成了 2000m² 的板房搭建任务。

2. 应用情况

针对抗震救灾的特殊性,临时课堂采用彩钢板房搭建。由于场地受限,板房需搭建在学校操场内,板房如何在土质松软的地面上生根固定成为一大难题。若采用水泥混凝土或钢板基础,施工时间均较长。为此,采用快凝早强的无机聚合物胶凝材料(Ⅰ型 4.0 级)与天然级配砂砾石拌制无机聚合物混凝土,快速浇筑板房圈梁基础,浇筑 1h 后便可安装板房。该材料采用的配合比见表 6.12。

表 6.12　非标准骨料抢修混凝土施工配合比

胶凝材料Ⅰ型 4.0 级/(kg/m³)	天然级配砂砾石/(kg/m³)	水/(kg/m³)	水胶比
500	2000	160	0.32

3. 应用评价

实践表明,该材料具有快凝早强、施工方便、性能优异等特点,采用非标准骨料配制的抢修混凝土同样满足使用要求。在执行急难险重任务中可满足就地取材、快速抢修的要求,显示出巨大的社会效益和经济效益。

6.8.3　雅安芦山县道路震后重建

1. 工程概况

雅安芦山县地震后震区交通遭到重创,公路毁坏严重,不但给抗震救灾带来困难,而且严重制约着灾后重建工作的开展。政府决定采用无机聚合物混凝土对部分被毁公路进行快速修复。

2. 应用情况

2013 年 11 月 25～12 月 5 日,对芦山县城迎宾大道和芦灵路(清仁乡至双石镇段)被毁路面进行修复,在不中断交通的情况下,采用最新研制的快凝早强无机聚合物混凝土抢修材料(Ⅰ型 4.0 级)浇筑路面,共修复路面 19 段。

抢修使用了集储料、运输、配料、拌和等多功能为一体的一体化施工车,施工快速、便捷。浇筑 1h 后即可拆模浇筑下一仓,大大提高了抢修路面的速率。针对路面抗滑要求,在浇筑后 40min 即可采用压槽机压槽,表面纹理均匀。

路面修复后 1h 能上人,2h 能上轻型车辆,4h 即可全面开放交通。

抢修无机聚合物混凝土配合比见表 6.13。

表 6.13　抢修无机聚合物混凝土配合比

胶凝材料 /(kg/m³)	水洗砂 /(kg/m³)	小石 5～20mm /(kg/m³)	大石 20～40mm /(kg/m³)	水 /(kg/m³)	水胶比
440	560	560	690	160	0.36

3. 应用评价

采用无机聚合物混凝土抢通时间短,表面平整无开裂现象。经检测,路面混凝土 4h 抗折强度达到 3.0MPa 以上。采用一体化施工装备,施工效率大大提高,且使用效果良好。

第7章　无机聚合物扩大应用试验

无机聚合物混凝土不仅能够用于机场道面的抢修抢建和快速修复,还可广泛应用于交通、能源、水利、通信等国家重要设施的应急抢修抢建,具有广阔的应用前景。本章主要对无机聚合物混凝土在普通梁构件、预应力混凝土梁构件、大体积混凝土构件(桥台)及海洋工程上的应用进行了试验和探索。

7.1　钢筋无机聚合物混凝土梁

钢筋混凝土梁是各类结构中的最基本受力构件,主要承担外部荷载形成的弯矩和剪力作用。为了充分发挥不同材料的性能,混凝土与钢筋须共同协调受力。通过设计普通钢筋混凝土梁和钢筋-无机聚合物混凝土梁,并进行适筋梁正截面极限承载能力试验,可以检验无机聚合物混凝土在梁中的适用性。

7.1.1　钢筋无机聚合物混凝土梁的试验配置

1. 试验用材料

试验梁所用的无机聚合物混凝土材料的配合比见表 7.1,配制的混凝土基本力学性能见表 7.2。

表 7.1　试验梁所用无机聚合物混凝土配合比

矿粉/(kg/m³)	粉煤灰/(kg/m³)	激发剂/(kg/m³)	砂/(kg/m³)	石/(kg/m³)
200	200	180	615	1262

表 7.2　无机聚合物混凝土和普通混凝土的基本力学性能

材料编号	抗压强度/MPa	弹性模量/(N/mm⁴)	泊松比
IPC	56.7	3.17	0.2572
C	63.8	3.65	0.1670

2. 试验梁的设计和试验方案

矩形截面适筋梁是工程应用中的最典型情况,本次试验梁除混凝土材料外,各项配置均与建筑工程中常规混凝土梁相同。为了研究正截面极限承载力,试验针对简支梁,在跨内三分点处加载;在忽略自重的情况下,梁跨三分点处的两个集中力之间,形成一个纯弯区。为了研究配筋在受拉区的作用和混凝土在受压区的性能,试验梁在纯弯区采用单筋截面布置,即只布设受拉区底部钢筋,钢筋采用HRB335级。试验梁的设计参数和具体配置见表 7.3 和图 7.1。

表 7.3　试验梁设计

试验梁编号	截面尺寸/(mm×mm)	跨长/mm	钢筋直径/mm	配筋率/%
IPC	100×200	2000	16	2.34
C	100×200	2000	16	2.34

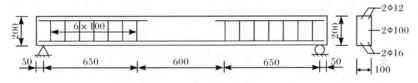

图 7.1　试验梁配筋示意图(单位:mm)

为了观测混凝土梁的受力全过程的应变发展和变形,在试验梁跨中 $L/3$ 的纯弯区布置应变测试元件,钢筋应变片设置在梁底两根纵向受力钢筋的中部;混凝土应变片设置在梁跨中侧立面;挠度测量的百分表布置于支点位置和跨中梁底面。各种测点布置如图 7.2 所示。

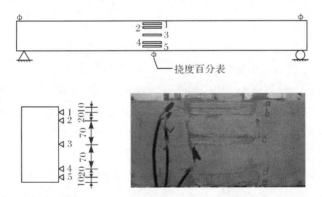

图 7.2　混凝土表面应变片和挠度百分表布置图(单位:mm)

试验时加载位置和装置如图 7.3 所示。

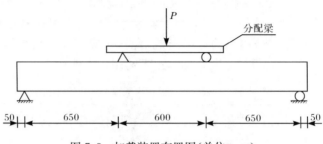

图 7.3　加载装置布置图(单位:mm)

3. 试验梁的成型

无机聚合物混凝土的拌制:首先将称重好的碱激发剂倒入容器,按配合比加入水,搅拌均匀并冷却。将石子、砂倒入搅拌机搅拌 120s,加入 10% 激发剂(搅拌30s)→矿粉、粉煤灰(搅拌 30s)→加剩下的激发剂(搅拌 60s)→卸料。

7.1.2　试验结果及讨论

对试验梁逐级施加荷载,从零值开始,直到梁的正截面发生破坏,记录下宏观试验现象和应变、挠度发展全过程。

1. 宏观试验现象

试验梁总体上分为以下三个受力阶段。

1) 弹性工作阶段

加载初期,弯矩尚小,截面未开裂,构件处于弹性工作阶段,梁的荷载-挠度曲线近似线性增长。钢筋应力较小,钢筋及混凝土应变增长稳定。当加载值接近开裂荷载时,构件截面虽未开裂,但从荷载-挠度曲线看,挠度增长有加快趋势,构件处于即将开裂状态。

2) 开裂后到钢筋屈服前的带裂缝工作阶段

随着竖向荷载的增长,当力增长到 10kN 左右时,试验梁在跨中纯弯段某一最薄弱截面处,从底部开始出现第一条竖向裂缝。此时裂缝短且细小,最大宽度约为 0.02mm,一出现就具有一定高度,截面中性轴随之上移。

随着荷载的继续增加,新的裂缝不断出现,已有裂缝不断延伸,宽度和长度逐渐增加。试验梁 IPC(无机聚合物混凝土梁)随荷载增加裂缝扩展缓慢,但挠度略大于试验梁 C。在接近试验梁的正常使用荷载时,裂缝延伸高度发展比较缓慢,试验梁 IPC 更为明显。

钢筋应变值在开裂后突然有所增大,而后增长明显,在荷载-钢筋应力曲线上形成转折点;受压区混凝土应变明显增加。这一阶段的受力特点可以作为无机聚合物混凝土梁使用阶段变形验算和裂缝开裂宽度计算的依据。

3) 破坏阶段

从纵向钢筋屈服到试件破坏,此阶段称为破坏阶段。受拉钢筋屈服后,钢筋所承受的总拉力大致保持不变,应变急剧增加;试验梁 C 裂缝迅速向上延伸,宽度增加较快,梁的挠度也迅速增大,在纯弯段内梁底部形成贯通裂缝,宽度增加明显,梁侧面对应位置的裂缝向梁顶部延伸。试验梁 IPC 裂缝延伸高度和宽度增加略小于试验梁 C;试验梁 C 和试验梁 IPC 有相似的受力破坏过程,但是由于混凝土材料性质不同,在受力过程中钢筋、混凝土的应变和梁跨中挠度的变化等略有不同。

最终,纯弯区段上受压区混凝土被压碎,钢筋保护层脱落,受压钢筋屈曲,构件完全失去承载能力。

2. 应变与挠度发展

1) 钢筋-混凝土应变

试验梁底部纵向钢筋应变、混凝土应变曲线如图 7.4、图 7.5 所示。

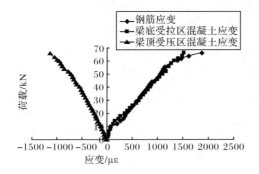 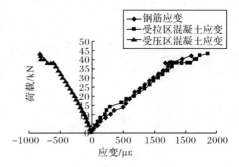

图 7.4　梁 C 钢筋应变-混凝土应变对比　　　图 7.5　梁 IPC 钢筋应变-混凝土应变对比

由图 7.4、图 7.5 可知,试验梁 IPC 和试验梁 C 受压区混凝土应变和钢筋应变荷载作用下变化趋势比较一致。

2) 荷载-挠度曲线

试验梁的荷载-挠度曲线如图 7.6 和图 7.7 所示。

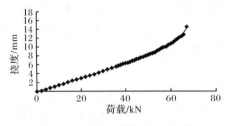

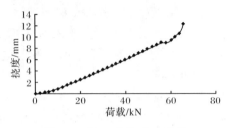

图 7.6　梁 IPC 荷载-挠度曲线　　　　　　　图 7.7　梁 C 荷载-挠度曲线

7.1.3　极限承载力与变形分析方法探讨

1. 正截面极限承载力

常规混凝土结构对于正截面的极限承载能力已经形成非常充分的研究成果。根据已有的研究成果,基于我国《混凝土结构设计规范》(GB 50010—2010)的正截面承载力计算公式(6.2.10),对无机聚合物混凝土梁的承载能力进行了试算分析。《混凝土结构设计规范》(GB 50010—2010)规定的混凝土构件正截面承载力的计算应遵循以下基本假定:

(1) 截面应变保持平面。

(2) 不考虑混凝土的抗拉强度。

(3) 混凝土受压的应力-应变关系曲线可按规范假定条件取用。

根据《混凝土结构设计规范》(GB 50010—2010),以梁的材料强度试验值代入相关计算公式,试验梁实测极限承载力和两种规范所得理论承载力见表 7.4。

表 7.4　试验梁的实测荷载与理论值对比

试验梁编号	配筋率 ρ/%	规范公式计算结果 F_1/kN	实测极限荷载 F_0/kN
IPC	2.34	59.1	67
C	2.34	59.6	66

由表 7.4 可知,按照现行规范关于混凝土梁正截面承载力公式,无机聚合物混凝土试验梁实测极限荷载与理论极限荷载的比值为 1.13,常规混凝土梁比值为1.11,规范公式计算值与试验值比较接近,实测值略大于理论值。结果表明,无机聚合物混凝土梁的承载力计算,可以借鉴普通混凝土构件的规范公式计算。

2. 挠度分析

对于钢筋混凝土受弯构件,还要根据使用条件进行正常使用阶段的计算,如最大裂缝宽度和变形验算等。我国《混凝土结构设计规范》(GB 50010—2010)对挠度和裂缝计算时,取的是荷载效应的标准组合计算的弯矩值和荷载效应的准永久组合计算的弯矩值。由于本试验是短期荷载,利用短期刚度计算公式进行短期荷载作用下的挠度验算。

由材料力学可知,匀质弹性材料的跨中挠度为

$$f=S\frac{Ml_0^2}{EI}=S\frac{Ml_0^2}{B_s} \tag{7.1}$$

式中,S 为与荷载形式、支撑条件有关的挠度系数,对本次试验中的两个集中力加载,$S=0.1065$;l_0 为梁的计算跨度;M 为使用荷载下的弯矩;B_s 为梁的截面弯曲刚度。

现行混凝土结构设计规范中给出的受弯构件短期刚度计算公式为

$$B_s=\frac{E_sA_sh_0^2}{1.15\psi+0.2+6\alpha_E\rho} \tag{7.2}$$

式中,ρ 为纵向受拉钢筋配筋率,对钢筋混凝土构件,$\rho=A_s/(bh_0)$;α_E 为弹性模量比,$\alpha_E=E_s/E_c$;E_s 为钢筋弹性模量;E_c 为混凝土弹性模量;ψ 为钢筋应变不均匀系数,$\psi=1.1-0.65\dfrac{f_{tk}}{\rho_{te}\sigma_s}$,$f_{tk}$ 为混凝土抗拉强度,ρ_{te} 为按有效受拉混凝土截面计算的纵向受拉钢筋配筋率,$\rho_{te}=\dfrac{A_s}{0.5bh}$;$\sigma_s$ 为裂缝截面处的纵向受拉钢筋应力,$\sigma_s=\dfrac{M}{0.87h_0A_s}$。

按照上述的计算方法和计算公式可计算得到试验梁在正常使用阶段的理论挠度值,计算结果见表 7.5。试验梁 C 计算值与试验值接近,比值为 1.19,计算偏于安全。而试验梁 IPC 计算结果的比值为 1.44。由表 7.5 可知,使用荷载下,无机聚合物混凝土梁挠度值大于普通混凝土梁。采用普通混凝土公式计算,误差较大。普通混凝土受弯构件的挠度计算公式用于无机聚合物混凝土梁时,还要进一步深入研究相关特性。

表 7.5 正常使用阶段跨中挠度试验值与理论值

试验梁编号	l_0/mm	B_s/(10^{12}N·mm²)	M/(kN·m)	试验值/mm	计算值/mm	试验值 计算值
IPC	1900	0.978	15.1	8.52	5.93	1.44
C	1900	0.998	15.3	7.01	5.90	1.19

7.2 钢筋无机聚合物混凝土预应力梁

预应力技术是在桥梁工程、建筑工程、铁路工程中广泛应用的结构技术。无机聚合物混凝土具有高强、早强、快凝的特点,具有适用预应力技术的优良条件。为了探讨无机聚合物混凝土在预应力构件中的应用性能,通过对张拉过程、加载

试验至破坏过程的试验测试,研究常规预应力无机聚合物混凝土梁的极限承载能力和破坏特征。

7.2.1　预应力无机聚合物混凝土梁试验配置

1. 试验用材料

试验梁所用的无机聚合物混凝土材料的配合比见表 7.6,配制的混凝土基本力学性能见表 7.7。

表 7.6　无机聚合物混凝土配合比

编号	粉态无机胶凝材料 /(kg/m³)	水 /(kg/m³)	砂 /(kg/m³)	石 /(kg/m³)	溶胶比	砂率 /%
IPC	425	153	615	1262	0.36	33

表 7.7　无机聚合物混凝土和普通混凝土的基本力学性能

材料编号	抗压强度值/MPa	弹性模量/10⁴MPa	泊松比
IPC	46.3	3.59	0.236
C	37.9	3.13	0.220

2. 试验梁的设计

试验对象为矩形截面无机聚合物混凝土梁,纵筋采用 HRB335 级钢筋,箍筋采用 HPB235 级钢筋,预应力筋采用 1860 级直径 15.2mm 钢绞线。构件截面及配筋如图 7.8、图 7.9 所示。

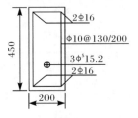
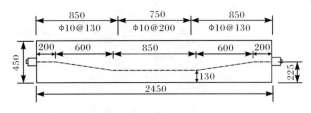

图 7.8　断面配筋(单位:mm)　　　图 7.9　钢绞线定位及箍筋分布(单位:mm)

3. 试验梁的加载和测试方案

试验时加载位置和装置如图 7.10 所示。

试验梁上应变和变形试验测点包括:梁跨中混凝土上下表面及侧面应变测点 S1~S5;梁跨中及支座挠度测点 F1~F3;钢绞线两端环形力传感器测点 N1~N2,各测点布置如图 7.11 所示。梁跨中下部受拉钢筋应变测点 2 个,图中从略。

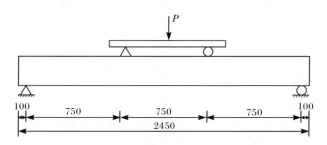

图 7.10　预应力梁加载示意图(单位:mm)

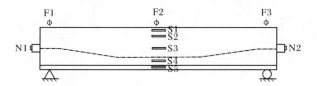

图 7.11　预应力梁应变与挠度测点布置示意图

4. 试验梁制作及预应力施加

梁制作时应在钢绞线处事先埋设预应力孔道管。梁养护达设计强度 75% 以上后进行预应力施加。预应力筋张拉控制应力 σ_{con} 为

$$0.4f_{ptk}=0.4\times1860=744(N/mm^2)$$
$$0.75f_{ptk}=0.75\times1860=1395(N/mm^2)$$
$$744N/mm^2\leqslant\sigma_{con}\leqslant1395N/mm^2$$

每根钢绞线按 $1395N/mm^2$ 控制张应力,逐根单端张拉,张拉荷载为58.6tf[①]。3 根钢绞线锚固后,根据张拉端和锚固端力传感器值,钢绞线中实际预应力为 $645\sim685MPa$,梁底预压应变为 $160\sim200\mu\varepsilon$。

7.2.2　试验结果及讨论

试验时,在梁上安装分配梁,对试验梁逐级施加荷载,从零值开始,开裂前按计算开裂荷载的 1/3 分级加载,直至开裂。开裂后按计算极限荷载的 1/5 分级加载,直到梁的正截面发生破坏,记录下全过程的应变发展和宏观试验现象。

预应力梁在荷载下主要破坏形态与普通梁类似,开始时中下部出现开裂,随着荷载进一步加大,中下部裂缝逐渐向上部发展,发展到一定程度出现沿加载点向支座方向的斜裂缝,最终上部混凝土压碎,同时中下部裂缝宽度加大而破坏。

① 1tf=9.80665×10³N,下同。

各构件破坏图及在各级荷载下的裂缝如图 7.12 所示,正截面应变分布如图 7.13 所示。

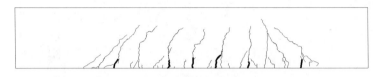

图 7.12　IPCⅡ试件立面裂缝(P＝700kN)

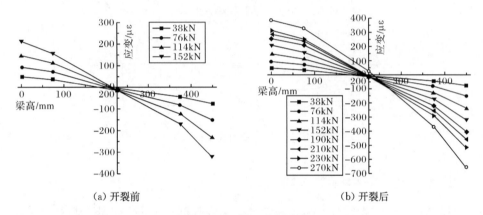

(a) 开裂前　　　　　　　　　　(b) 开裂后

图 7.13　正截面应变分布

　　可见,梁在荷载作用下无机聚合物混凝土应变基本呈线性变化,且随荷载加大,其中性轴逐渐上移,其截面变形基本符合普通混凝土的平截面假定。其极限承载力可按受弯梁经典极限截面平衡法进行计算。卸载后由于预应力筋的弹性收缩,梁体变形基本恢复,各梁残余挠度仅 3.1～3.6mm,残余裂缝宽度在 0.1mm以内。

7.2.3　梁的理论分析方法

　　根据施加预应力在梁底产生混凝土压应力及混凝土抗拉强度,可以对开裂荷载进行估算。

$$M_{cr}＝(\sigma_{pc}＋\gamma f_{tk})W_0 \tag{7.3}$$

$$P＝2M/0.75 \tag{7.4}$$

本试验中,$\gamma＝1.5,W_0＝7.547m^3$。

　　混凝土抗拉强度标准值是由轴心抗压强度换算而来;借鉴规范取值,无机聚合物混凝土 $f_{tk}＝2.51MPa$;普通混凝土 $f_{tk}＝2.2MPa$。各构件开裂估算荷载与实测荷载见表 7.8。

表 7.8　构件试验开裂荷载

构件编号	IPCⅠ	IPCⅡ	IPCⅢ	CⅠ
估算开裂荷载/kN	223.7	186.3	222.3	157.8
实测开裂荷载/kN	230	230	230	160

从表 7.8 可知,估算开裂荷载与实测开裂荷载比较吻合。

试验中观测的构件极限荷载、极限位移和以试件组成材料的强度试验值,按《混凝土结构设计规范》(GB 50010—2010)公式(6.2.10)分析的理论极限荷载见表 7.9。

表 7.9　构件试验极限荷载及位移

构件编号	IPCⅠ	IPCⅡ	IPCⅢ	CⅠ
极限荷载/kN	750	700	830	782
极限位移/mm	18	18	19	18
规范公式极限荷载/kN	697	695	707	665

各构件下部中节点荷载变形曲线如图 7.14 所示。

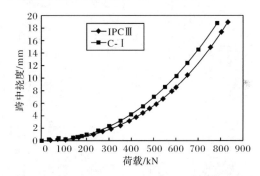

图 7.14　预应力梁 IPCⅢ构件和预应力普通混凝土构件荷载变形曲线

由以上分析可知,钢筋无机聚合物混凝土预应力梁承载能力与普通钢筋混凝土梁基本一致,可借用普通混凝土结构设计计算方法。

7.3　无机聚合物混凝土桥台

桥台一般体量很大,浇筑过程较长,混凝土内部温升较高,表面容易出现温度裂缝。本节主要针对无机聚合物混凝土在大体积构件浇筑过程中的温度问题进行研究。为了开展本研究,特设计了一座单跨钢筋无机聚合物混凝土板桥,如图 7.15 所示。

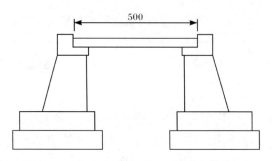

图 7.15　无机聚合物混凝土简支板桥(单位:cm)

针对大体积的应用场合,特别配制了相对低放热量的配合比。

7.3.1　桥台布置

桥台尺寸如图 7.16 所示。

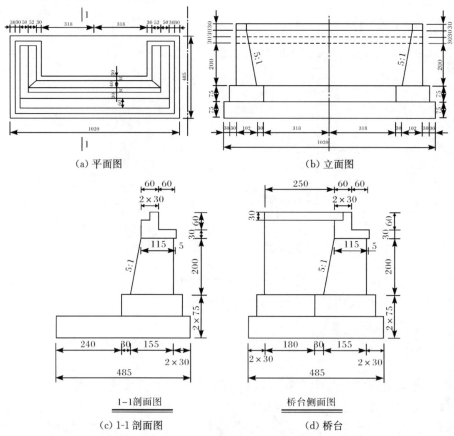

图 7.16　桥台的三视图和断面图(单位:cm)

7.3.2　桥台温度测量断面布置

在每侧桥台纵轴线上,布置一个铅垂温度测试断面 T1,如图 7.17 所示。温度测试断面 T1 的测点布置如图 7.18 所示。断面布置 27 个温度测点,如图 7.18 中[1]～[27](另外一个桥台测点编号为[1*]～[27*])。测量从混凝土入模开始,定时记录读数。

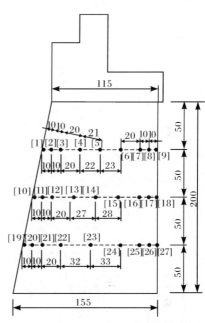

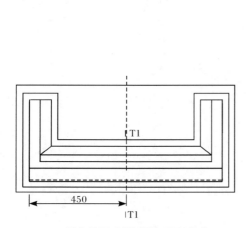

7.17　桥台的温度测试断面图(单位:cm)

图 7.18　桥台的 T1 断面温度测点布置图(单位:cm)

7.3.3　温度检测结果与分析

1. 最高温度

浇筑桥台 1# 无机聚合物混凝土时,混凝土内部最高温度为 44.06℃,其位置在距板底 0.5m 处的桥台中心,发生时间为无机聚合物混凝土浇筑完成后约 24h。

浇筑桥台 2# 无机聚合物混凝土时,混凝土内部最高温度为 43.93℃,其位置在距板底 0.5m 处的桥台中心,发生时间为无机聚合物混凝土浇筑完成后约 26h。

2. 温度变化

桥台 1# 无机聚合物混凝土内部温度变化情况如图 7.19 和图 7.20 所示。

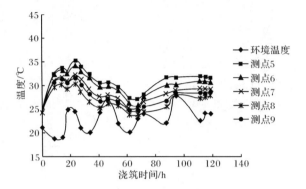

图 7.19　桥台混凝土内部温度变化(上排测点)

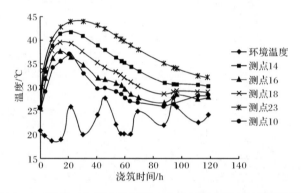

图 7.20　桥台无机聚合物混凝土内部温度变化(中下排测点)

由图 7.19 和图 7.20 可知:

(1) 无机聚合物混凝土内部温度变化平稳,同一时刻各测点温差均在 18℃ 以内,边缘测点与环境温度相差均在 15℃ 以内,满足大体积混凝土温度控制要求。

(2) 桥台 1♯无机聚合物混凝土内部温度在浇筑后的 24h 为温度上升期,平均每小时增加 0.70℃,前 10h 增加较大,基本上是每小时增加 1~1.5℃。第二天温度下降,平均每小时降低 0.09℃;第三天平均每小时降低 0.16℃;第四天平均每小时降低 0.16℃;第五天平均每小时降低 0.08℃。具体见表 7.10。

表 7.10　桥台 1#无机聚合物混凝土内部温度变化

时间段	升温速率/(℃/h)
前 10h	1~1.5
24~48h	−0.09
48~72h	−0.16
72~96h	−0.16
96~120h	−0.08

表中数据说明,在浇筑 48h 后,进入温度较快下降时期,应注意表面保温防护,以防止混凝土因降温速率过快而引起开裂。

3. 试验总结

无机聚合物混凝土的早期反应速率较快,放热量也较高,因此需要根据实际工程需要,有效地调整和优化混凝土配合比,控制好硬化过程的放热速率,同时采取有效施工保障措施,控制拆模时间,做好内部散热和外部保温工作,以保证大体积混凝土的浇筑质量,扩大无机聚合物混凝土的应用领域。本次配制的混凝土配比,在桥台的浇筑过程中,没有采用特别的降温措施,仍能控制好内外温差,证明无机聚合物混凝土也可以用于大体积浇筑的场合。

7.4　海水拌和无机聚合物混凝土

水泥混凝土结构是目前海洋工程主要结构形式。传统水泥的水化产物均为钙基化合物,在海水侵蚀作用下不能长久稳定存在,耐久性难以达到设计要求。同时,海洋环境下氯离子侵入导致钢筋混凝土结构中的钢筋锈蚀,使结构发生早期损坏,降低了结构的可靠度和耐久性。统计结果表明,20 世纪修建的梁板码头大部分出现了钢筋锈蚀现象,少数结构使用不到五年便出现了锈蚀。

新时期海洋工程建设工作任务重、要求高、技术难度大,海工建设处于高温、高湿、高盐、高辐射的“四高”环境中,材料耐久性面临更为严峻的挑战。另外,由于岛礁远离内陆,建筑材料全部由大陆补给,除水泥、沙石等材料外,尚须运输大量的淡水进行混凝土拌和,运输量大、成本高,且物料在运输过程中易受环境影响,品质难以保障。海洋工程的快速建设迫切需要能使用海水拌和的建筑材料,以减少运输量,加快工程建设,减低成本,但海水对普通水泥钢筋混凝土耐久性有严重的危害,不能被采用。

无机聚合物胶凝材料的结构以铝-硅酸盐网络结构为主,该网络的—Al—O—Si—或—Si—O—Si—化学键结合力很强,形成的网络结构十分坚固,海水中 SO_4^{2-}、Cl^- 和 Mg^{2+} 等离子很难破坏其结构,所以无机聚合物可以使用海水拌和。这种沸石结构能有效禁锢和吸附 SO_4^{2-}、Cl^- 和 Mg^{2+} 等离子,进而使之成为有利于材料性能提升的有益成分。例如,乌克兰研究组[56]和牛津大学研究组[65]的结果均证实海水拌和的无机聚合物混凝土有更优良的抗腐蚀性。此外,由于无机聚合物混凝土的合成机理与水泥水化机理不同,碱离子固化程度高,无碱-骨料反应风险,因此能进一步提高混凝土构件对抗海洋环境腐蚀的能力。

7.4.1　无机聚合物玄武岩复合筋混凝土

为了克服海水对钢筋的腐蚀作用，可以采用玄武岩复合筋代替钢筋用于制造配筋混凝土，从根本上避免了钢筋腐蚀的难题[66]。玄武岩纤维复合筋（basalt fiber reinforced plastics，BFRP）是以玄武岩纤维为增强材料，以合成树脂为基体材料，经拉挤工艺和特殊的表面处理形成的一种新型非金属复合材料。玄武岩纤维复合筋具有高强、轻质、耐碱、耐酸腐蚀等优异的物理化学性质。同时，玄武岩纤维复合筋的热膨胀系数与混凝土相近，确保了混凝土与筋材的同步变形，具有广泛的工程应用前景。

1. 海水拌和无机聚合物

（1）对骨料和拌和水要求低，可使用海水、海沙拌和。
（2）具有高力学强度、高复合筋握裹力。
（3）高抗渗性、高耐腐蚀性。
（4）储存期长，可长途海运。
（5）性价比高，与现有海工水泥产品相比具有成本优势。

2. 玄武岩纤维复合筋

（1）密度小、抗拉强度高。玄武岩纤维复合筋的密度一般为 $1.9\sim2.1g/cm^3$，复合筋的抗拉强度≥800MPa，比结构工程中常用的 HRB335 钢筋的抗拉强度（455MPa）大近一倍，从而使水泥混凝土构件更轻量化。

（2）化学性质稳定。玄武岩纤维复合筋不生锈、耐腐蚀，尤其具有极高的耐酸性和耐盐性。对水泥砂浆中的盐分浓度及盐分或二氧化碳的浸透和扩散等具有较高的容许度；玄武岩中含有的 MgO 和 TiO_2 等成分能够较好地提高纤维耐化学腐蚀、耐氧化及防水性能，加之玄武岩纤维复合筋在与水泥混凝土配合工作时，不会因为锈蚀而发生结构强度下降、胀裂等病害，从而提高了构筑物的耐候性。同时，玄武岩纤维良好的化学稳定性可以允许水泥混凝土具有更大的空隙。

（3）与水泥混凝土有较好的结合性能。玄武岩纤维复合筋使用的主要材料是由天然火山岩直接拉制而成，其自身的密度、成分、容重等与水泥混凝土相当，且具有良好的耐酸碱腐蚀性。玄武岩纤维复合筋的线膨胀系数为 $9\sim12\times10^{-6}℃^{-1}$，与水泥混凝土的线膨胀系数（$10\times10^{-6}℃^{-1}$）基本相同，两者间不会产生大的温度应力。

（4）电绝缘性、非磁性。玄武岩纤维复合筋是一种非金属纤维复合材料，具有电绝缘性与非磁性。在靠近高压输电线路、要求非磁性的混凝土建筑物与构筑物中，如地震台、机场、观测站等，运用玄武岩纤维复合筋替代钢筋，其优势是其他材料所无法比拟的。

（5）可预制形状，实现连续配筋。直径 12mm 以下的玄武岩纤维复合筋连续长度可达 2000m，且可预制加工成各种形状，在工程运用中无需搭接，可实现真正的无焊接点连续配筋施工，使得工作量大大减小。

7.4.2　主要性能指标

1. 海水拌和无机聚合物主要性能指标

海水拌和无机聚合物主要性能指标见表 7.11。

表 7.11　海水拌和无机聚合物主要性能指标

性能参数	海水拌和无机聚合物胶砂
凝结时间	初凝 45～240min 可调
	终凝 60～280min 可调
强度	抗压强度可调，最大达 120.0MPa
	抗折强度可调，最大达 13.0MPa

性能参数	无机聚合物混凝土
坍落度/mm	50～220
强度/MPa	抗压强度可调，最大达 100.0
	抗折强度可调，最大达 10.0
氯离子渗透系数(28d)/(m²/s)	$<3.0 \times 10^{-12}$
抗冻融等级	$>$F300
抗渗等级	$>$ P20
收缩值	$<4 \times 10^{-4}$
抗硫酸盐等级	$>$KS90

2. 玄武岩纤维复合筋主要性能指标

玄武岩纤维复合筋主要性能指标见表 7.12。

表 7.12　玄武岩纤维复合筋主要性能指标

性能参数	玄武岩纤维复合筋
密度/(g/cm³)	2.089
线膨胀系数/℃⁻¹	10.04×10^{-6}
耐候性指标/%	耐碱强度保留率 95.8
	耐酸强度保留率 92.6

续表

性能参数	玄武岩纤维复合筋
蠕变松弛率(100h)/%	3.867
拉伸强度/MPa	1075
拉伸弹性模量/GPa	46.3
断裂伸长率/%	3.3
极限弯曲角度/(°)	51.4
与 C50 混凝土黏结强度/MPa	24.0
(钢筋与 C50 混凝土黏结强度)	21.0
与 C40 混凝土黏结强度/MPa	18.8
(钢筋与 C40 混凝土黏结强度)	16.8

7.5　海洋工程快速建设混凝土

1. 现有技术及存在问题

在海岸和岛礁等气候和环境变化大的施工条件下,能快速完成工程建设至关重要。由于大型工程快速建设在军事和经济上变得越来越重要,美国特别提出了"早运行"(early opening to traffic,EOT)混凝土的概念,即要求 EOT 混凝土在施工后一天内可以投入使用。目前大量应用于快速建设的材料以普通混凝土加早强剂或快硬水泥混凝土为主,但近年来快速建设用水泥混凝土的耐久性问题受到美国相关质量部门的高度重视,并对其进行了全面评估。其原因在于如果所用混凝土耐久性差必将导致工程在短期内需要进行再次修复或重建,造成经济上和时间上的严重浪费。国内外应用的实践表明,普通水泥混凝土通过外加早强剂或使用快硬水泥混凝土均会在早期释放大量的水化热,在进行大面积施工时导致体表温差大、表面水分急剧蒸发,容易产生温度裂缝和表面龟裂等耐久性隐患。大量裂纹的存在造成海工混凝土整体耐海洋环境腐蚀性能大幅度减弱,这是当前海洋工程使用寿命短的主要原因[67]。

2. 无机聚合物早强低放热原理与特性

无机聚合物合成机理是通过基材中铝硅酸盐有效成分的水解和聚合反应形成胶凝相,与水泥的水化反应机理相比,无机聚合物混凝土能在保证混凝土具有高的早期强度的同时,降低放热量,因此,现浇无机聚合物混凝土温差小、表面水分蒸发少,不易产生温度裂缝和表面龟裂等耐久性隐患。由于无机聚合物化学性质稳定、微观结构致密、胶凝组织与骨料无界面过渡区,因此具有高强度、高耐久性和高耐海洋腐蚀性的特点。

具体特性表现如下：

(1) 快凝且凝结时间可调,早期强度高。

(2) 放热量小,不开裂。能在高温、高湿、高盐环境大面积施工,耐久性好。

(3) 对骨料和拌和水要求低,可使用海水和海沙拌和。

(4) 具有高力学强度、高钢筋握裹力,是抗打击军事掩体建设的最佳材料。

(5) 高抗渗性、高耐腐蚀性,是沿海地下工程建设的最佳材料。

(6) 储存期长达 2 年,可长途海运。

(7) 高性价比,与现有早强水泥产品相比具有成本优势。

3. 主要性能指标

在海洋工程建设上无机聚合物混凝土的主要指标见表 7.13。

表 7.13　在海洋工程建设方面无机聚合物混凝土的主要指标

性能参数	无机聚合物混凝土
强度	1d 抗压强度:30MPa,1d 抗折强度:3.5MPa 3d 抗压强度:40MPa,3d 抗折强度:4.5MPa
坍落度/mm	50～220
氯离子渗透系数	$<4.5\times10^{-12}\,m^2/s(1d)$,$<3.5\times10^{-12}\,m^2/s(3d)$ $<3.0\times10^{-12}\,m^2/s(7d)$,$<2.0\times10^{-12}\,m^2/s(28d)$
抗冻融等级	$>$F300
抗渗等级	$>$P6(1d),$>$P10(3d),P12～P20(7d)
收缩值	$<4\times10^{-4}$
抗硫酸盐等级	$>$KS90

7.6　低放热、大体积浇筑混凝土

1. 现有技术及存在问题

水泥水化过程中放出大量的热使混凝土内部温度升高,在表面引起拉应力;后期在降温过程中,由于受到基础或表面已经凝固的混凝土约束,因降温收缩的混凝土又会在混凝土内部引起拉应力。对于大体积混凝土来讲,混凝土内部和表面的散热条件不同,内部湿度变化很小或变化较慢,但表面湿度可能变化较大或发生剧烈变化,这种内外温差巨大的现象更加严重,当拉应力超过混凝土的极限抗拉强度时混凝土表面就会产生裂缝。由于浇筑温度与外界气温有着直接关系,外界气温越高,混凝土的浇筑温度也越高,水泥放热更加显著,这种温度裂缝是当前海工大体积浇筑混凝土出现的主要质量问题之一,对于在南海的高温、高湿、高盐和高辐射环境下施工这一问题更加突出。而裂缝的存在直接导致海洋环境下钢筋锈蚀加剧,严重影响工程使用寿命。虽然市场上有低放热水泥,但这类水泥早期强度太低,易造成干缩裂缝,并影响施工进度,因此在海工混凝土中很少使用。

2. 无机聚合物混凝土低放热原理与特性

无机聚合物合成机理是通过基材中铝硅酸盐有效成分的水解和聚合反应形成胶凝相,与水泥的水化反应机理不同,因此与普通硅酸盐水泥相比,无机聚合物合成过程中放热量能降低 60%～70%,并且能保证混凝土具有正常的强度发展速率。由于浇筑体内外温差小,因此不易产生温度裂缝的耐久性隐患。同时由于无机聚合物化学性质稳定、微观结构致密、胶凝组织与骨料无界面过渡区,因此具有高强度、高耐久性和高耐海洋腐蚀性的特点。

具体特性表现如下:

(1) 放热量小,不开裂,强度发展速率可调,能在高温、高湿、高盐、高辐射环境下实现高质量的大体积浇筑。

(2) 对骨料和拌和水要求低,可使用海水和海沙拌和。

(3) 具有很高的钢筋握裹力,是制造钢筋海工混凝土的最佳材料。

(4) 具有高抗渗性、高耐腐蚀性。

3. 主要性能指标

在低放热、大体积浇筑混凝土方面,无机聚合物混凝土的性能指标见表 7.14。

表 7.14　在低放热,大体积浇筑混凝土方面无机聚合物混凝土的性能指标

性能参数	无机聚合物混凝土
强度	3d 抗压强度 30MPa 28d 抗压强度 50MPa
坍落度/mm	50～220
氯离子渗透系数	$<3.0×10^{-12} m^2/s(28d)$
抗冻融等级	$>$ F300
抗渗等级	28d P20
收缩值	$<4×10^{-4}$
抗硫酸盐等级	$>$KS90

参 考 文 献

[1] Cyr M, Idir R, Poinot T. Properties of inorganic polymer (geopolymer) mortars made of glass cullet. Journal of Materials Science, 2012, 47(6): 2782-2797.

[2] Davidovits J. The need to create a new technical language for the transfer of basic scientific information. Transfer and Exploitation of Scientific and Technical Information, Proceedings of the Symposium, Luxemburg, 1981: 316-320.

[3] Krivenko P V, Kovalchuk G Y. Directed synthesis of alkaline aluminosilicate minerals in a geocement matrix. Journal of Materials Science, 2007, 42(9): 2944-2952.

[4] Glukhovsky V D. Soil Silicates. Kiev: Budivelnik Publisher, 1959.

[5] Davidovits J. Geopolymer Chemistry and Applications. Saint-Quentin: Geopolymer Institute, 2008.

[6] Duxson P, Fernández-Jiménez A, Provis J L, et al. Geopolymer technology: The current state of the art. Journal of Materials Science, 2007, 42(9): 2917-2933.

[7] Palomo A, Grutzeck M W, Blanco M T. Alkali-activated fly ashes: A cement for the future. Cement and Concrete Research, 1999, 29(8): 1323-1329.

[8] Dam T, Peterson K, Sutter L, et al. Guidelines for early-opening-to-traffic portland cement concrete for pavement rehabilitation. Transportation Research Board, 2005.

[9] Stone M, Hunsuck D. Kentucky transportation cabinet, federal highway administration, construction and interim performance of a pyrament cement concrete bridge deck. Research Report KTC 93-17. 1993.

[10] Sprinkel M, Sellars A, Virginia C, et al. Rapid concrete bridge deck protection, repair, and rehabilitation. Research Report of Strategic Highway Research Program. National Research Council, 1993.

[11] 杨南如. 碱胶凝材料形成的物理化学基础(Ⅰ). 硅酸盐学报, 1996, 24(2): 210-215.

[12] 蒲心诚. 碱矿渣水泥与混凝土. 北京: 科学出版社, 2010.

[13] 袁润章, 高琼英, 欧阳世翕. 矿粉的结构与水化活性及其激发机理. 武汉工业大学学报, 1987, 9(3): 297-304.

[14] 袁润章, 高琼英. 关于矿粉的结构及其性能的研究. 武汉建材学院学报, 1981, 3(3): 33-44.

[15] 袁润章, 高琼英. 矿粉的结构特性及其水化活性的影响. 武汉建材学院学报, 1982, 4(1): 7-12.

[16] Sanderson R T. Electronegativity and bond energy. Journal of the American Chemical Society, 1983, 105(8): 2259-2261.

[17] Livage J, Henry M. Ultrastructure Processing of Advanced Ceramics. New York: John Wiley & Son, 1988.

[18] Michael R N, Thomas W S. Kinetics of silicate exchange in alkaline aluminosilicate solutions. Inorganic Chemistry, 2000, 39: 2661.

[19] Zhdanov M. Molecular Sieves. London: Society of Chemical Industry, 1968.

[20] Barrer R M. Hydrothermal Chemistry of Zeolites. London: Academic Press, 1982.

[21] Ray N H, Plaisted R J. The constitution of aqueous silicate solutions. Journal of the Chemical Society, Dalton Transactions, 1983, 3: 475-481.

[22] Dent-Glasser L S, Lachowski E E. Silicate species in solution. Journal of the Chemical Society, Dalton Transactions, 1980, 3: 399-402.

[23] Caullet P J, Guth J L. Zeolite synthesis. ACS Symposium Series 398. Occelli M L, Robson H E, eds. Washington D C: American Chemical Society, 1989: 83.

[24] Bell R G, Jackson R A, Catlow C R A. Löwenstein's rule in zeolite A: A computational study. Zeolites, 1992, 12: 870-871.

[25] Brinker C J, Scherer G W. Sol-Gel Science: The Physics and Chemistry of Sol-Gel Processing. New York: Academic Press, 1990.

[26] 段瑜芳. 土聚水泥基材料的研究. 河北理工学院学报, 2004, 5(1): 18-19.

[27] 马鸿文, 杨静, 任玉峰, 等. 矿物聚合材料: 研究现状与发展前景. 地学前沿, 2002, 9(4): 397-407.

[28] Isozaki K, Iwamoto S, Nakagawa K. Some properties of alkali-activated slag cement. Review 40th General Meeting, Tokyo, 1986: 120-123.

[29] Palacios M, Puertas F. Effect of superplasticizer and shrinkage-reducing admixtures on alkali-activated slag pastes and mortars. Cement and Concrete Research, 2005, 3(57): 1358-1367.

[30] Bakharev T, Sanjayan J G, Cheng Y B. Effect of admixtures on properties of alkali-activated slag concrete. Cement and Concrete Research, 2000, 30(9): 1367-1374.

[31] Puertas F, Palomo A, Fernandez-Jimenez A, et al. Effect of superplasticizers on the behaviour and properties of alkaline cements. Advances in Cement Research, 2003, 15(1): 23-28.

[32] Wang S D, Scrivener K L, Pratt P L. Factors affecting the strength of alkali activated slag. Cement and Concrete Research, 1994, 24(6): 1033-1043.

[33] 蒲心诚, 杨长辉. 高强无机聚合物水泥与混凝土缓凝问题研究. 水泥, 1992, (10): 32-37.

[34] 孙家瑛, 诸培南. 矿粉在碱溶液激发下的机理. 硅酸盐学报, 1988, 17(6): 16.

[35] 朱效荣. 碱-矿粉水泥高效缓凝剂的研究及应用. 水泥, 2001, (7): 1-3.

[36] 姜中宏, 丁勇. 玻璃分相中的若干问题. 硅酸盐学报, 1989, 17(12): 153.

[37] 周焕海, 唐明述, 吴学权. 碱-矿粉水泥浆体的孔结构和强度. 硅酸盐通报, 1994, (3): 15-19.

[38] 杨长辉, 蒲心诚. JK 水泥与混凝土缓凝物质研究. 化学建材, 1996, (6): 262-263.

[39] 何娟, 杨长辉. 碱-矿粉水泥缓凝问题的研究进展. 硅酸盐通报, 2010, 29(5): 1093-1097.

[40] 焦宝祥. 水玻璃-矿粉水泥的缓凝剂研究. 化学建材, 2002, (11): 12-15.

[41] 殷素红. 适应于碱激发碳酸盐矿-无机聚合物胶凝材料的缓凝剂研究. 长江科学院院报, 2007, 24(1): 36-49.

[42] Brough A R, Holloway M, Sykes J, et al. Sodium silicate-based alkali-activated slag mortars Part II. The retarding effect of additions of sodium chloride or malic acid. Cement and Concrete Research, 2000, 30(9): 1375-1379.

[43] Chang J J. A study on the setting characteristics of sodium silicate-activated slag pastes. Cement and Concrete Research, 2003, 33(7): 1005-1011.

[44] Gong C, Yang N. Effect of phosphate on the hydration of alkali-activated red mud-slag cementitious material. Cement and Concrete Research, 2000, 30(7): 1013-1016.

[45] Agyei N. The removal of phosphate ions from aqueous solutionby fly ash, slag, ordinary Portland cement and related blends. Cement and Concrete Research, 2002, 32 (12): 1889-1897.

[46] 王薇, 倪文, 张旭芳, 等. 无熟料矿粉粉煤灰胶凝材料强度影响因素研究. 新型建筑材料, 2007, (12): 8-11.

[47] 王聪. 碱激发胶凝材料的性能研究. 哈尔滨: 哈尔滨工业大学硕士学位论文, 2006.

[48] 李腾忠, 陈松. 碱激发胶凝材料组成、结构与性能. 广东建材, 2007, 12: 38-40.

[49] 郑娟荣, 杨长利, 陈有志. 碱激发胶凝材料抗硫酸盐侵蚀机理的探讨. 郑州大学学报(工学版), 2012, 33(3): 1-4.

[50] Melo A A, Cincotto M A, Repette W L. Drying and autogenous shrinkage of pastes and mortars with activated slag. Cement and Concrete Research, 2008, 38(4): 565-574.

[51] 郑娟荣, 姚振亚, 刘丽娜. 碱激发胶凝材料化学收缩或膨胀的试验研究. 硅酸盐通报, 2009, 28(1): 49-53.

[52] Fang Y G, Gu Y M, Kang Q B. Effect of fly ash, MgO and curing solution on the chemical shrinkage of alkali-activated slag cement. Advanced Materials Research, 2011, 168-170: 2008-2012.

[53] Cincotto M A, Melo A A, Repette W L. Effect of different activators type and dosages and relation with autogenous shrinkage of activated blast furnace slag cement. 11th International Congress on the Chemistry of Cement, Durban, 2003: 878-1888.

[54] Darko K, Branislav Z. Effects of dosage and modulus of waterglass on early hydration of alkali-slag cements. Cement and Concrete Research, 2002, 32(8): 1181-1188.

[55] Atis D, Bilim C, Celik Ö. Influence of activator on the strength and drying shrinkage of alkali-activated slag mortar. Construction and Building Materials, 2009, 23(1): 548-555.

[56] Shi C J, Krivenko P V, Roy D. 碱-激发水泥和混凝土. 史才军, 郑克仁译. 北京: 化学工业出版社, 2008.

[57] Palomo A, Alonso S, Fernandez-Jimenez A, et al. Alkali activated of fly ashes, A NMR study of the reaction products. Journal of American Ceramic Society, 2004, 87(6): 1141-1145.

[58] Wang S D, Scrivener K L. Microchemistry of alkaline activation of slag. 3rd Beijing International Symposium on Cement and Concrete. Beijing: International Academic Publishers, 1993: 1047-1053.

[59] Wang S D, Scrivener K L. Hydration products of alkali activated slag cement. Cement and Concrete Research, 1995, 25(3): 561-571.

[60] Wang S D, Scrivener K L. 29Si and 27Al study of alkali-activated slag cement. Cement and Concrete Research, 2003, 33(5): 769-774.

［61］GJB 8231—2014　军用机场无机聚合物混凝土道面施工及验收规范.总后勤部基建营房部,北京.

［62］GJB 8236—2014　工程抢建抢修无机聚合物胶凝材料技术要求.总后勤部基建营房部,北京.

［63］GJB 5046—2003　战时机场道面抢修技术标准.总后勤部基建营房部,北京.

［64］GJB 1112A—2004　军用机场场道工程施工及验收规范.总后勤部基建营房部,北京.

［65］Holloway M S,Sykes J M. Studies of the corrosion of mild steel in alkali-activated slag cement mortars with sodium chloride admixtures by a galvanostatic pulse method. Corrosion Science,2005,47(12):3097-3110.

［66］Urbanski M,Lapko A,Garbacz A. Investigation on concrete beams reinforced with basalt rebars as an effective alternative of conventional R/C structures. Procedia Engineering, 2013,57:1183-1191.

［67］郑薇,熊建波,范志宏.华南地区部分码头海工混凝土结构耐久性调查.公路,2009,9: 273-276.